ICDL 高级演示文稿

课程大纲 2.0

学习材料（MS PowerPoint 2016）

ICDL 基金会　著

ICDL 亚　洲　译

东南大学出版社
SOUTHEAST UNIVERSITY PRESS
·南京·

图书在版编目(CIP)数据

ICDL 高级演示文稿/爱尔兰 ICDL 基金会著；ICDL
亚洲译. —南京：东南大学出版社，2019.6(2024.3重印)
　　书名原文：Advanced Presentation
　　ISBN 978 - 7 - 5641 - 8354 - 7

　　Ⅰ.①I… 　Ⅱ.①爱…②I… 　Ⅲ.①办公自动化—应
用软件 　Ⅳ.①TP317.1

　　中国版本图书馆 CIP 数据核字(2019)第 059831 号

江苏省版权局著作权合同登记
图字:10-2019-052 号

ICDL 高级演示文稿(ICDL Gaoji Yanshi Wengao)

出版发行：东南大学出版社
社　　　址：南京市四牌楼 2 号　　　　邮　　编：210096
网　　　址：http://www.seupress.com
出 版 人：江建中

印　　　刷：南京京新印刷有限公司
开　　　本：700 mm×1000 mm　1/16
印　　　张：8
字　　　数：163 千
版　　　次：2019 年 6 月第 1 版
印　　　次：2024 年 3 月第 2 次印刷
书　　　号：ISBN 978 - 7 - 5641 - 8354 - 7
定　　　价：45.00 元

经　　　销：全国各地新华书店
发行热线：025-83790519　83791830

说　　明

ICDL 基金会认证科目的出版物可用于帮助考生准备 ICDL 基金会认证的考试。ICDL 基金会不保证使用本出版物能确保考生通过 ICDL 基金会认证科目的考试。

本学习资料中包含的任何测试项目和（或）基于实际操作的练习仅与本出版物有关，不构成任何考试，也没有任何通过官方 ICDL 基金会认证测试以及其他方式能够获得认证。

使用本出版物的考生在参加 ICDL 基金会认证科目的考试之前必须通过各国授权考试中心进行注册。如果没有进行有效注册，则不可以参加考试，并且也不会获得证书或任何其他形式的认可。

本出版物已获 Microsoft 许可使用屏幕截图。

European Computer Driving Licence，ECDL，International Computer Driving Licence，ICDL，e-Citizen 以及相关标志均是 The ICDL Foundation Limited 公司（ICDL 基金会）的注册商标。

前　　言

ICDL 高级演示文稿

一次准备充分、内容新颖和让人难忘的演讲可以通过使用演示文稿来吸引听众注意力和引发他们的思考。借助 ICDL 高级演示文稿课程，您将能了解到如何全面发挥演示文稿的功能，准备并设计更富感染力的演讲，从而给听众留下更加深刻的印象。

完成本模块学习后，考生将能够：

● 在演示策划中了解目标听众和场地因素。

● 创建和修改模板并规定幻灯片背景的格式。

● 使用内置的动画功能增强演示效果。

● 使用链接、嵌入、导入和导出功能来集成数据。

● 使用自定义幻灯片，应用幻灯片设置和控制幻灯片。

学习本书的意义

完成 ICDL 高级演示文稿课程学习后，您将更加自信、高效和有效地使用演示文稿应用程序。这将证明您已经掌握了此应用程序，并能在使用演示文稿应用程序方面更加专业。掌握了本书中提供的技能和知识后，您将有可能通过该领域国际标准认证——ICDL 高级演示文稿。

如需了解本书每个部分所涵盖的 ICDL 高级演示文稿课程大纲的具体内容，请参阅本书末尾的 ICDL 高级演示文稿课程大纲。

如何使用本书

本书涵盖了 ICDL 高级演示文稿课程的全部内容。它介绍了重要的概念，并列出了使用应用程序中各种功能的具体步骤。还可以使用 Student 文件夹（扫描封底二维码获取）中提供的示例文件进行相关练习。为了方便反复练习，建议不要将更改保存到示例文件中。

目　　录

自定义演示文稿

在本节中,您将学习如何:

- 创建一个自定义版式
- 应用一个主题
- 应用一种背景风格
- 保存一个自定义主题
- 创建一个新的模板、主题
- 修改一个模板、主题

1.1 创建一个自定义版式

概念

幻灯片版式包含幻灯片上显示的所有内容的格式、定位和占位符。占位符是指包含文本、表格、图表、SmartArt 图形、电影、声音、图片和剪贴画的布局的工具。可以将新的自定义版式与默认版式分开。自定义版式详细说明了占位符的数量、大小、位置、背景内容、主题颜色、字体和效果。它是可重复使用的,并能在准备幻灯片时节省时间。

步骤

创建一个自定义版式。

如有必要,请创建一个新的空白演示文稿。

1. 选择**视图**选项卡。 显示**视图**选项卡。	单击**视图**选项卡
2. 在**母版视图**组中选择**幻灯片母版**按钮。 显示**幻灯片母版**选项卡,并在左侧显示**幻灯片母版** **版式**窗格并且突出显示**幻灯片版式**。	单击 幻灯片母版 **按钮**
3. 从**幻灯片母版版式**窗格选择要编辑的**幻灯片版式**。 所选的**幻灯片版式**将显示在窗格中。	在**幻灯片母版版式**窗格中单击**空 白版式**
4. 选择**母版版式**组中的**插入占位符**下拉箭头。 显示**占位符**库。	单击 插入 占位符 ▾ **下拉箭头**
5. 选择所需的占位符。 该**占位符**图库关闭,鼠标指针变为十字。	单击 文本(X) 选项

（续表）

6. 将十字准线指针放在希望放置占位符左上角的位置。再朝对角线方向向下和向右拖动到所需的大小，然后松开鼠标按钮。 显示占位符形状。	单击幻灯片的左上角，向右下方拖动到所需的大小，然后松开鼠标按钮。
7. 选择**幻灯片母版**选项卡。 从**编辑母版**组中选择**重命名**按钮。 **重命名版式**对话框打开。	单击 重命名 按钮
8. 为自定义版式输入新名称。 新名称将显示在对话框中。	在文本框中输入**细节布局**
9. 选择**重命名**按钮。 对话框关闭，该版式被命名为**细节布局**。	单击 重命名(R) 按钮
10. 选择**视图**选项卡。 显示**视图**选项卡。	单击**视图**选项卡
11. 从**演示文稿视图**组中选择**普通**按钮。 演示文稿视图更改为**普通**。	单击 普通 按钮
12. 选择**开始**选项卡。 显示**开始**选项卡。	单击**开始**选项卡
13. 选择**幻灯片**组中的**新建幻灯片**下拉箭头。 显示**新建幻灯片**可选版式。	单击 新建幻灯片 下拉箭头
14. 选择新创建的幻灯片版式。 选择所需的自定义布局，并关闭库。	单击**细节布局**选项

1.2 应用一个主题

步骤

应用一个主题。

1. 选择**设计**选项卡。 显示**设计**选项卡。	单击**设计**选项卡
2. 从**主题库**中选择所需的**主题**。 从而为您的幻灯片设置主题。	单击**平面**主题

1.3 应用一种背景风格

👣 步骤

应用一种背景风格。

1. 选择**设计**选项卡。 显示**设计**选项卡。	单击**设计**选项卡
2. 在**变体**组中选择**更多**下拉箭头。 **变体**菜单打开。	单击▾按钮
3. 选择**背景格式**。 该**背景格式**库打开。	单击 设置背景格式 按钮
4. 选择所需的**背景样式**。 将样式应用于演示文稿，**背景样式**图库关闭。	单击**样式 10** 选项

1.4 保存一个自定义主题

👣 步骤

保存一个自定义主题。

1. 选择**设计**选项卡。 显示**设计**选项卡。	单击**设计**选项卡
2. 选择**主题**组中的**更多**下拉箭头。 显示该**主题**库。	单击▾按钮

（续表）

3. 选择**保存当前主题...**。 打开**保存当前主题**对话框,高亮显示**文件名**的文本。	单击**保存当前主题...**选项
4. 输入主题所需的名称。 文件名显示在**文件名**文本框中。	输入**个人**
5. 选择**保存**。 **另存为**对话框关闭,自定义模板被保存到默认的**模板** 文件夹中。	单击 [**保存(S)**] 按钮

关闭演示文稿而不保存。

实践：

- 在"student"文件夹中打开 **Themes. pptx** 文件并选择**设计**选项卡。

- 使用**更多**下拉箭头展开**主题**库,并将**个人**主题应用于整个演示文稿。

- 修改主题。

- 从**变体**组中,选择更多选项,**颜色**选择**蓝色暖调**。

- 单击**保存**按钮。

关闭 **Themes. pptx** 文件。

1.5　创建一个新的模板、主题

💡 概念

模板是一种包含格式和内容(如徽标、文本、背景格式、页眉和页脚)的文件。模板可以在需要时应用于演示文稿。

主题包含颜色、字体和效果。创建新主题的最佳方法是编辑演示文稿程序中预先提供的设计主题。

步骤

创建一个新的模板。

1. 打开一个空白的演示文稿。 显示演示文稿。	从**文件**选项卡单击**新建**选项
2. 选择**视图**选项卡。 显示**视图**选项卡。	单击**视图**选项卡
3. 在**母版视图**组中选择**幻灯片母版**按钮。 显示**幻灯片母版**选项卡,并在左侧显示**幻灯片母版版式**窗格突出显示**幻灯片版式**。	单击 幻灯片母版 按钮
4. 选择**幻灯片母版**选项卡,下方显示**幻灯片版式**。	单击幻灯片母版选项卡
5. 选择**主题**并从显示的图库中选择一个主题。 选择**平面**。	主题 编辑主题
6. 选择**设置背景格式**并选择背景,选择样式 2。	样式 2 设置背景格式(B)... 重置幻灯片背景(R)

（续表）

7. 选择幻灯片母版或幻灯片版式以添加占位符。从**母版版式**组中选择**插入占位符**。选择占位符类型并调整占位符的大小和位置。	
8. 对于所有的幻灯片，从**大小**组选择**幻灯片大小**，并选择**自定义幻灯片大小**命令。 页面方向：纵向或横向，选中**横向**单选按钮。	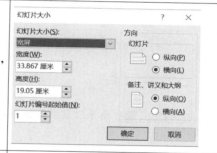
9. 在**文件**选项卡上选择**另存为**选项，然后单击**浏览**按钮。	单击**文件→另存为**选项
10. 在**另存为**对话框中，命名文件并另存为 PowerPoint 模板。	另存为 **Sample. potx**
11. 要将模板用于新演示文稿，单击**文件→新建**选项，选择**个人**并选择模板 **Sample**。	单击**文件→新建**选项

步骤

创建一个新的主题。

1. 选择**视图**选项卡。 显示**视图**选项卡。	单击**视图**选项卡
2. 在**母版视图**组中选择**幻灯片母版**按钮。 显示**幻灯片母版**选项卡,并在左侧显示**幻灯片母版版式**窗格,并且突出显示**幻灯片版式**。	单击 幻灯片母版 **按钮**
3. 从**幻灯片母版**选项卡中的**背景**组中选择**颜色**按钮。	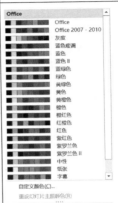
4. 选择**自定义颜色**命令以显示**新建主题颜色**对话框。	
5. 在**新建主题颜色**下,选择主题颜色元素,然后单击其旁边的颜色框以选择颜色。	为文本选择一种颜色 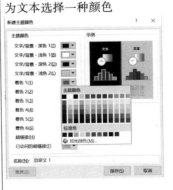

（续表）

6. 在**名称**文本框中输入选择并保存的主题颜色的名称。	输入名称
7. 要更改主题字体，从**背景**组中选择**字体**。	
8. 选择**自定义字体**选项。	显示**新建主题字体**对话框
9. 在**标题字体**和**正文字体**下，选择要使用的字体。	选择 **Arial**
10. 在**名称**文本框中，输入新主题字体的名称。	输入 **Myfonts**
11. 要保存主题，请从**编辑主题**组中选择**主题→保存当前主题**命令。	单击**主题→保存当前主题**命令
12. 在**文件名**文本框中输入主题的**名称**，然后单击**保存**按钮。	输入文本 **MyTheme**。它将被保存到主题文件夹，也将是一个自定义主题，在**设计**选项卡**主题**组中可用

1.6　修改一个模板、主题

💡 概念

可以修改和保存模板以覆盖原始模板，或者可以以新名称修改和保存模板，从而提供单独的模板。

主题可以修改并保存在普通视图或幻灯片母版视图中。

🐾 步骤

修改模板。

1. 在**文件**选项卡上，选择**打开→计算机→浏览**选项。从 Template 文件夹中选择要修改的模板。	打开 Sample. potx
2. 可以更改模板，例如更改主题、背景颜色和字体。	将模板的颜色更改为选择的颜色
3. 保存模板。	单击**保存**按钮

🐾 步骤

修改主题。

1. 在幻灯片母版视图中，选择**幻灯片母版**选项中**编辑主题**组**主题→浏览主题**选项进行修改。	选择 Mytheme 主题
2. 选择**字体**按钮，然后右键单击自定义字体，然后选择**编辑**。	单击**字体**，然后单击**编辑**
3. 更改正文字体。	改为**新罗马体(Times New Roman)**
4. 在**编辑主题**组中选择**主题→保存当前主题**选项。	使用原始名称和位置进行保存，或使用不同的名称保存为不同的主题

1.7 复习及练习

 自定义演示文稿

1. 打开一个新的空白演示文稿。

2. 显示**幻灯片母版**。

3. 将 **SmartArt** 占位符插入空白版式。

4. 将空白版式重新命名为**示意图**。

5. 使用**示意图**版式插入一张新的幻灯片。

6. 将 **Circle Process SmartArt** 插入到新幻灯片中。

7. 将 **Ion** 主题应用于演示文稿。

8. 将**样式 6** 背景样式应用于演示文稿。

9. 将主题保存为**浅色**。

10. 关闭演示文稿而不保存。

第 2 课

编辑幻灯片母版

在本节中,您将学习如何:

- 操作幻灯片母版
- 为幻灯片母版设置格式
- 添加页眉和页脚信息
- 为标题幻灯片母版设置格式
- 插入一个新的幻灯片母版
- 保留一个幻灯片母版

2.1　操作幻灯片母版

💡 概念

当需要演示文稿中的所有幻灯片外观一致时,例如在每张幻灯片上显示相同的字体和图像,则不需要单独设计每张幻灯片。可以通过打开**幻灯片母版**视图进行必要的更改,并更名为幻灯片母版的幻灯片,然后将其更改应用于演示文稿中的所有幻灯片。

注意:还可以通过打开幻灯片母版视图,并将必要的格式更改应用于幻灯片母版下显示的一个或多个幻灯片版式,从而将更改限制在演示文稿中指定的幻灯片版式。

幻灯片母版版式:

- **标题区域**:位于幻灯片的顶部。可以更改标题文本和区域的属性(例如,字体类型、字体大小、填充、阴影等),还可以插入图像等对象。

- **对象区域**:位于**标题区域**下方,并控制所有幻灯片的正文格式。可以更改文本和区域属性,还可以使用不同的属性设置每个文本级别的格式。

- **日期区域**:位于幻灯片的左下角,可以更改日期的外观和位置。既可以设置为在每次打开演示文稿时都会自动更新日期和时间,也可以输入固定的日期和时间。

- **页脚区域**:位于幻灯片的下部中央。可以更改页脚的外观和位置,也可以选择是否在标题幻灯片上显示页脚文本。

- **数字区域**:位于幻灯片的右下角。可以更改幻灯片编号的位置以及数字的格式,也可以选择是否在标题幻灯片上显示幻灯片编号。

2.2 为幻灯片母版设置格式

步骤

为幻灯片母版设置格式。

在"student"文件夹中打开 **Land Tour. pptx** 文件。

1. 选择**视图**选项卡。 显示**视图**选项卡。	单击**视图**选项卡
2. 在**母版视图**组中选择**幻灯片母版**按钮。 幻灯片母版的缩略图显示在左侧的窗格中,显示**幻灯片母版**选项卡。	单击 幻灯片母版 **按钮**
3. 选择要设置格式的幻灯片母版。 对应的幻灯片母版将显示在幻灯片窗格中。	单击左窗格中的**幻灯片母版**(窗格中的第一张幻灯片)
4. 选择**单击此处编辑幻灯片母版标题样式**文本。 选择相应的占位符文本。	**单击单击此处编辑幻灯片母版标题样式**
5. 选择**开始**选项卡。 显示**开始**选项卡。	单击**开始**选项卡
6. 根据需要设置所选区域的格式。 幻灯片母版占位符进行了相应的格式调整。	单击字体组中的**加粗 B** 按钮
7. 选择**幻灯片母版**选项卡。 显示**幻灯片母版**选项卡。	单击**幻灯片母版**选项卡
8. 在**关闭**组中选择**关闭母版视图**按钮。 显示上一个视图。	单击 关闭母版视图 **按钮**

实践:

● 切换到**幻灯片母版**视图,然后在左侧窗格中选择幻灯片母版(第一张幻灯片)。

● 选择标题区域,调整其格式为 **Tahoma 字体**、**48 号**和**蓝色**。

● 插入图像 **Jeep. jpeg**。

● 根据需要调整大小。

- 将其移动到幻灯片的右下角。
- 切换到**普通**演示文稿视图。

请注意,将调整的格式应用于所有幻灯片中的标题文本,但图片显示在除标题幻灯片之外的所有幻灯片上。

实践:

省略幻灯片上的背景图形。

- 选择**幻灯片 4**。
- 选择**设计**选项卡,单击**自定义**组中的**设置背景格式**。
- 从**设置背景格式**窗格中勾选**隐藏背景图形**复选框。

2.3　添加页眉和页脚信息

步骤

将页眉和页脚信息添加到幻灯片母版。

如有必要,请切换到**普通**演示文稿视图,然后转到**幻灯片 2**。

1. 选择**插入**选项卡。 显示**插入**选项卡。	单击**插入**选项卡
2. 在**文本**组中选择**页眉和页脚**按钮。 把**页眉和页脚**对话框打开。	单击 页眉和页脚 按钮
3. 选择**幻灯片**选项卡。 显示**幻灯片**选项卡。	单击**幻灯片**选项卡
4. 选择**日期和时间**选项。 文本显示在单元格和公式栏中。	勾选 □ 日期和时间(D) 复选框
5. 选择**自动更新**选项。 文本显示在单元格和公式栏中。	选中 ◉ 自动更新(U) 单选按钮
6. 选择**幻灯片编号**选项。 显示**幻灯片编号**选项。	勾选 □ 幻灯片编号(N) 复选框

（续表）

7. 选择**页脚**选项。 选择**页脚**选项，并且插入点出现在**页脚**框。	勾选 ☐ 页脚(F) 复选框
8. 输入所需的页脚文本。 该文本显示在**页脚**框中。	输入文本 Adventurous Denali
9. 勾选**标题幻灯片中不显示**复选框使标题幻灯片中不显示页眉和页脚信息。 勾选**标题幻灯片中不显示**复选框。	勾选 ☐ 标题幻灯片中不显示(S) 复选框
10. 根据需要选择**应用**或**全部应用**按钮。 **页眉和页脚**对话框关闭，选项将仅应用于所选的幻灯片或相应地应用于所有幻灯片。	单击 全部应用(Y) 按钮

请注意，标题幻灯片中没有应用页眉和页脚信息。

2.4 为标题幻灯片母版设置格式

步骤

切换到幻灯片母版视图。

1. 选择标题幻灯片母版。 显示标题幻灯片母版。	如果需要，单击或滚动到**幻灯片 2**
2. 右击要调整格式的区域。 选择占位符中的文本，并显示**迷你工具栏**。	**右键**单击此处编辑母版标题样式
3. 根据需要调整所选区域的格式。 标题幻灯片的格式得到相应的调整。	在**迷你工具栏**上单击按钮

实践：

● 调整**标题区**的文本格式为**字体 Century Gothic**、**54 号**。

● 切换到**普通**视图以查看更改。

请注意，格式调整仅适用于标题幻灯片。

2.5 插入一个新的幻灯片母版

步骤

插入新的幻灯片母版。

切换到**幻灯片母版**视图。

单击**幻灯片母版**选项卡上的**编辑幻灯片母版**组中的**插入幻灯片母版**按钮。 显示新的幻灯片母版，其缩略图显示在左侧窗格中。	单击 [插入幻灯片母版] 按钮

将新幻灯片母版的标题区域格式调整为字体 **Times New Roman**、**48 号**，并**加粗**。

实践：

- 切换到普通视图。
- 选择任一幻灯片，单击**设计**选项卡。
- 右击**环保**主题，选择**应用于所选幻灯片**命令。

2.6 保存一个幻灯片母版

概念

为了幻灯片母版不被更改或删除，可以进行保存。如果幻灯片不被保存，有时当删除在演示文稿中采用了特定幻灯片母版的所有幻灯片时，幻灯片母版也将被删除。为了避免这种情况发生，需要保存幻灯片母版。不过即使保存了幻灯片母版，仍然可以在幻灯片母版视图中手动删除幻灯片母版。

步骤

保存幻灯片母版。

如有必要,请切换到**幻灯片母版**视图。

1. 右击要保存的幻灯片母版缩略图。 选择幻灯片母版缩略图并打开快捷菜单。	右击第一个缩略图
2. 选择**保存幻灯片母版**。 幻灯片母版左侧出现图钉图标。	单击**保存幻灯片母版**

关闭 **Land Tour. pptx** 文件。

2.7 复习及练习

编辑幻灯片母版演示文稿

1. 在"student"文件夹中打开 **Marketing Strategy. pptx** 文件。

2. 切换到幻灯片母版视图。

3. 调整幻灯片母版上的标题字体为 **Georgia,粗体字**。

4. 将幻灯片编号和自动更新日期添加到演示文稿中的所有幻灯片,标题幻灯片除外。然后查看**普通**视图中的更改。

5. 显示幻灯片母版。将幻灯片母版标题样式的字体颜色改为**橘色**。然后,在**普通**视图中查看幻灯片。

6. 插入新的幻灯片母版。

7. 将新幻灯片标题文本格式改为**新罗马字体(Times New Roman)、粗体**。

8. 保存修改后的幻灯片母版。

9. 关闭演示文稿而不保存。

绘 制 对 象

在本节中,您将学习如何:

- 使用标尺、网格和参考线
- 对齐网格
- 更改对象的填充颜色
- 应用填充效果
- 对已绘制对象应用透明效果
- 提取样式并应用到另一个已绘制对象
- 更改新绘制对象的默认格式
- 将三维效果和设置应用于绘制对象
- 使用指定的水平和垂直坐标在幻灯片上放置图形对象
- 在一张幻灯片中水平或竖直镜像翻转图片

3.1 使用标尺、网格和参考线

 概念

标尺提供可视化指南,帮助放置文本和幻灯片对象。

从 **Student 文件夹**中,打开 **World13. pptx**。如有必要,选择**视图**选项卡。

在**显示**组中勾选**标尺**复选框。 显示标尺。	勾选**标尺**复选框

要隐藏标尺,取消勾选**标尺**复选框。

实践:

1. 勾选**网格**复选框。
2. 勾选**参考线**复选框。

还可以通过选择垂直或水平参考线并根据需要将其拖动到新位置来移动参考线。

注意:标尺并不是在所有视图中都可用,如使用**幻灯片浏览**视图时标尺就不可用。如果**标尺**复选框不可勾选,请尝试切换到**普通**视图。

3.2 对齐网格

 概念

通过使用**对象与网格对齐**功能,使图片、图表或其他对象在页面上对齐或彼此对齐。

如有必要,选择**视图**选项卡。

1. 从**显示**组中单击**启动**箭头。 **网格和参考线**对话框显示。	☑ 标尺 ☑ 网格线 ☑ 参考线　备注　显示比例　适应窗口大小 显示　显示比例
2. 将形状或对象放置到网格最近的交点处,在**对齐**选项的下方,勾选**对象与网格对齐**复选框。	勾选**对象与网格对齐**复选框

3.3　更改对象的填充颜色

👣 步骤

更改对象的填充颜色或背景颜色:

选择**开始**选项卡,显示**幻灯片 3**。

1. 选择要更改填充颜色的对象。 选择对象。	单击绿色矩形
2. 在**绘图**组中选择**形状填充**按钮。 显示**形状填充**调色板。	单击 🖊形状填充 ▾ 按钮
3. 选择所需的填充颜色。 填充颜色应用于对象。	在**标准色**调色板中单击**黄色**

实践:

1. 将当前填充颜色应用于右上角的圆圈。
2. 单击演示文稿的任何空白区域取消选择对象。

3.4　应用填充效果

👣 步骤

应用填充效果:

选择**开始**选项卡，显示**幻灯片 3**。

1. 选择要应用填充效果的对象。 　选择对象。	单击 **Rectangle** 对象
2. 在**绘图**组中选择**形状填充**按钮。 　显示**形状填充**调色板。	单击 形状填充 ▾ 按钮
3. 要应用渐变，从菜单中选择**渐变**。 　显示**渐变**图库。	单击**渐变**命令
4. 在**其他渐变**下，选择所需的选项。 　已选择选项。	单击**其他渐变**
5. 选中**渐变填充**单选按钮，然后单击**预设渐变**下拉菜单， 　然后单击顶部聚光灯- Accent 1。 　已选择选项。	单击**预设渐变**
6. 选择**关闭**。 　**关闭设置形状格式**窗格，填充效果将应用于所选对象。	单击 关闭(C) 按钮

3.5　对已绘制对象应用透明效果

概念

绘制的对象或图像可以应用透明效果。

步骤

显示**幻灯片 6**。

1. 选择要应用透明效果的对象。 　选择对象。	单击幻灯片标题旁边的**黄色星形**对象
2. 选择**格式**选项卡上的**形状样式**组**启动**箭头，打 　开**设置形状格式**窗格。	单击**形状样式**组箭头
3. 选择**纯色填充**。	选择**纯色填充**
4. 选择透明度滑块并向左拖动以降低透明度效 　果；如果向右拖动可以增加透明度效果。	拖动滑块

3.6　提取样式并应用到另一个已绘制对象

💡 概念

格式刷按钮用于将格式从一个绘制对象复制到另一个。

👣 步骤

使用格式刷：

显示**幻灯片 6**。

1. 选择幻灯片标题旁边的**黄色星形**对象。 　　选择对象。	单击**黄色星形**
2. 选择**开始**选项卡。 　　显示**开始**选项卡。	单击**开始**选项卡
3. 单击**剪贴板**组中的**格式刷**按钮。 　　选中**格式刷**按钮。	单击 ✎ 按钮 请注意，鼠标箭头显示画笔图标
4. 单击幻灯片左侧的**绿色星形**对象。 　　绿色星形对象现在具有与黄星相同的颜色 　　格式。	单击**绿色星形**

3.7　更改新绘制对象的默认格式

💡 概念

当在演示文稿中创建新绘制的对象时，它将使用默认格式。如果需要，您可以为添加到演示文稿的任何其他绘图对象更改默认格式。

步骤

显示标题为"杂项"的幻灯片 12。

1. 在**插入**选项卡上的**插图**组中选择**形状**按钮。 显示**形状**图库。	单击 形状 按钮
2. 从**基本形状**中选择**椭圆**。	单击**椭圆**按钮
3. 将椭圆放置在幻灯片的左侧。	将椭圆形拖动到左侧
4. 单击**格式**选项卡上**形状样式**组中的**形状填充**按钮。 显示**形状填充**调色板。	选择**渐变**,然后从**变化**组中单击 **线性**
5. 选择**椭圆**。右击并从弹出的快捷菜单中选择**设置为默认形状**命令。 这样,添加到演示文稿的任何其他新形状将显示**线性右渐变**填充颜色。	单击**设置为默认形状**命令

3.8 将三维效果和设置应用于绘制对象

概念

将三维效果添加到对象中。通过添加颜色、照明和方向设置,可以进一步增强三维效果。

步骤

显示幻灯片 4。

1. 选择 **WTT Circle**。 显示 **WTT Circle**。	单击 **WTT Circle**
2. 单击**格式**选项卡上的**形状样式**组的**形状效果**按钮。 显示**形状效果**菜单。	单击**形状效果**按钮
3. 选择**预设**并选择**三维选项**。设置形状格式窗格在幻灯片窗口的右侧打开。	单击**预设**,然后单击**三维选项**

（续表）

4. 选择**顶部斜角**箭头并选择**软圆**。	单击**顶部斜角**，然后单击**软圆**
5. 在顶部棱台**宽度**框中输入 **50 磅**。	
6. 在顶部棱台**高度**框中输入 **20 磅**。	输入 **20 磅**
7. 要更改照明，请单击**光源**箭头，然后从**中性**组中选择**柔和**。	

关闭 **World13.pptx** 文件。

3.9 使用指定的水平和垂直坐标在幻灯片上放置图形对象

💡 **概念**

可以使用指定的水平和垂直坐标从幻灯片的左上角或中心在幻灯片上移动图形对象。

步骤

在"student"文件夹中打开 **World08. pptx** 并显示**幻灯片 2**。

1. 选择屏幕左下角的三角形图像。 选择三角形。	单击三角形
2. 选择**格式**选项卡上的大小组的**启动**箭头。	单击大小组的**启动**箭头
3. 在**图片格式**下窗格中的位置：从左上角的**水平位置**输入 **14 厘米**，从左上角的**垂直位置**输入 **15 厘米**。	▷ 大小 ▲ 位置 水平位置(O) 14 厘米 ▲▼ 从(F) 左上角 ▼ 垂直位置(V) 15 厘米 ▲▼ 从(R) 左上角 ▼

3.10 在一张幻灯片中水平或竖直镜像翻转图片

概念

图形对象可以相对于幻灯片水平和/或垂直分布。

步骤

显示**幻灯片 11**，标题为 **Financial Strength**。

1. 选择向上朝向文本 **Financial Strength** 的三个红色箭头。 选择了三个箭头。	按 **Ctrl** 键并选择红色箭头
2. 在**开始**选项卡上的**绘图**组中选择**排列**按钮箭头。	单击**排列**按钮箭头
3. 在**放置对象**下，选择**对齐**。	单击**对齐**

（续表）

4. 确保**对齐幻灯片**旁边有一个刻度线,然后选择**垂直分布**。	
5. 选择文本 **Financial Strength** 向左指向的三个图像。	按 **Ctrl** 键并按此顺序选择图像: 1. 选择人的图像;2. 选择 VoIP 电脑的图像;3. 选择键的图像
6. 在**开始**选项卡上的**绘图**组中选择**排列**按钮箭头。	单击**排列**按钮箭头
7. 在**放置对象**下,选择**对齐**。	单击**对齐**
8. 确保在**对齐幻灯片**旁边有一个刻度线,然后选择**垂直分布**。	单击**垂直分布**
9. 选择三个蓝色箭头,指向文本**全局覆盖(Global Reach)**。 选择了三个蓝色箭头。	按 **Ctrl** 键并选择蓝色箭头
10. 在**开始**选项卡上的**绘图**组中选择**排列**按钮箭头。	单击**排列**按钮箭头
11. 在**放置对象**下,选择**对齐**。	单击**对齐**
12. 确保在**对齐幻灯片**旁边有一个刻度线,然后选择**水平分布**。	单击**水平分布**

关闭 **World08. pptx** 文件。

3.11 复习及练习

在演示文稿中处理绘图对象

1. 在"student"文件夹中打开 **Wsports. pptx**。

2. 从幻灯片的左上角开始,创建一个矩形,该矩形横跨**水上运动研讨会**占位符上方的幻灯片的宽度。

3. 将矩形的填充颜色更改为**浅绿色**。

4. 在矩形中输入文字**全球体育用品**。调整字体大小为 **40 号**和**浅灰色**字体颜色。

5. 创建一个包含以下文本的文本框:**欢迎来到新千年的水上运动!**

6. 将文本大小设置为使所有文本都适合一行,并将其直接放置在鱼的正下方。

7. 将鱼的各个部分组合在一起(**提示**:尝试在鱼外围拖动一个矩形选框,选择其所有部分)。

8. 翻转鱼,使其沿另一个方向游泳。

9. 使用 **5 点星形**来创建海星。

10. 将海星的颜色设置为**黄色**。复制并粘贴海星,另外创建两颗海星。

11. 将海星移动到幻灯片底部的不同位置。

12. 沿着不同方向旋转两只海星。

13. 在**水上运动研讨会**下创建一条水平线(**提示**:按住 **Shift** 键画一条直线)。

14. 将线条样式更改为 **3 点**,将线条颜色更改为**黄色**。

15. 创建直径大约为 **1 厘米**的圆,并将圆的填充颜色更改为**黄色**。

16. 移动圆圈,使其部分覆盖云层,然后在云端后面发送圆圈。

17. 将阴影添加到云的右下角。

18. 关闭演示文稿而不保存。

图　　形

在本节中,您将学习如何:

- 使用图形
- 插入剪贴画
- 插入存储的图片
- 裁剪图片
- 移动图片
- 按比例或不按比例重新缩放一张图形对象
- 将图片转换为绘制对象并编辑绘制对象
- 将图形对象保存为文件格式
- 应用图片风格
- 调整颜色
- 使用图像校正
- 图片边框
- 应用艺术效果
- 删除背景

4.1 使用图形

💡 概念

图形可以使您的演示更有趣和更具吸引力。可以通过使用包含内容占位符的版式或插入幻灯片中的图片,将图片从计算机上的文件插入到任何幻灯片中,而不管幻灯片本来的版式如何。

4.2 插入剪贴画

💡 概念

如果计算机上没有想要的图片,可以在线查找图片以添加到演示文稿中。

👣 步骤

插入**剪贴画**:

从 **Student** 文件夹,打开 **World08. pptx**。如有必要,请显示**幻灯片 1** 和**插入**选项卡。

1. 在**插入**选项卡上的**图像**组中选择**联机图片**按钮。 打开**插入图片**对话框。	单击 🖼 按钮 联机图片
2. 在**插入图片**对话框中选择**搜索**文本框。 插入点出现在搜索文本框中。	单击 [search office.com ✕ 🔍] 框
3. 输入所需的关键字。 关键字出现在**搜索**框中。	输入文字**网络**

（续表）

4. 单击**搜索**图标，显示结果。 显示可用图片的列表。	单击 🔍
5. 向下滚动以选择所需的图片。 显示可用图片的列表。	向下滚动并单击 ┃ 图片 （网络人员图标）
6. 在**插入图片**对话框中单击**插入**按钮。 所选图片被插入，**插入图片**对话框已关闭。	单击 [插入] 按钮

将图片移动到幻灯片的右下角。在任意位置单击以取消选择图片。请注意，该图片不再被选择，并且不再显示**图片工具格式**上下文选项卡。

4.3 插入存储的图片

👣 步骤

要插入计算机中存储的图片：

显示**幻灯片 2** 和**插入**选项卡。

1. 选择**图像**组的**图片**按钮。 打开**插入图片**对话框。	单击 [图片] 按钮
2. 找到并选择要插入的图片。 选择所需的图片。	点击 **Student 文件夹**中的图片 **VoIP**
3. 选择**插入**。 **插入图片**对话框关闭，图片将显示在幻灯片中， 并显示**图片工具格式**上下文选项卡。	单击 [插入(S) ▼] 按钮

单击幻灯片背景区域中的任意位置以取消选择所有幻灯片对象。

4.4 裁剪图片

步骤

要在幻灯片上裁剪图片：

如果需要，显示**幻灯片 2** 和标尺。

1. 选择要裁剪的图片。 选择图片，并显示**图片工具格式**上下文选项卡。	单击 **VoIP** 图片
2. 单击**大小**组中的**裁剪**按钮。 **裁剪**菜单出现在下面。	单击 ![icon]**裁剪** ▼ 按钮
3. 从菜单中选择**裁剪**命令。 图像周围出现裁剪手柄。	单击 ⊡ 裁剪(C) 命令
4. 单击并按住拖动手柄以裁剪图片。 拖动时出现一个虚线框，当释放鼠标按钮时，图片被裁剪。	拖动底部的裁切标记，裁剪后图片仅显示文本 **VoIP**
5. 单击任何空白区域停止使用裁剪工具。 裁剪工具被停用。	单击任何空白区域

单击幻灯片背景区域中的任意位置以取消选择所有幻灯片对象。

可以保存图片的副本以供将来参考/使用：鼠标右击图片，选择**另存为图片**命令，输入文件名，然后单击**保存**按钮。

4.5 移动图片

步骤

要在幻灯片上移动图形：

必要时,显示**幻灯片 2**。

将图片拖动到所需位置。 当释放鼠标按钮时,图片将显示在新位置。	将 VoIP 图片拖动到幻灯片的右下角

单击幻灯片背景区域中的任意位置以取消选择所有幻灯片对象。

4.6 **按比例或不按比例重新缩放一张图形对象**

步骤

可以使用比例尺选项将图片大小调整为其宽度和高度的指定比例。

如有必要,显示标尺,并显示**幻灯片 2**。

1. 选择要调整大小的图片。 图片被选中。	单击 VoIP 图片
2. 选择**图片工具→格式**选项卡。 图片尺寸相应变化。	显示**图片工具→格式**选项卡
3. 选择**大小**组中的启动箭头。	**设置图片格式**窗格打开
4. 要按比例重新缩放图像,请确保勾选了**锁定纵横比**复选框。	☑ 锁定纵横比(A)
5. 单击缩放箭头以增加或减小高度和宽度。	图像的宽度将与高度成比例地缩放,从而保持原始比例
6. 要不成比例地重新缩放图像,请取消勾选了**锁定纵横比**复选框。	☐ 锁定纵横比(A)
7. 单击缩放箭头以增加或减小刻度高度和宽度。	图像的宽度将不会与高度成比例重新缩放

单击幻灯片背景区域中的任意位置以取消选择所有幻灯片对象。

4.7 将图片转换为绘制对象并编辑绘制对象

步骤

将诸如 Windows 源数据文件(.wmf)或增强型元文件(.emf)的图像转换为幻灯片上的绘制对象并编辑对象：

如有必要，显示**幻灯片 2**。

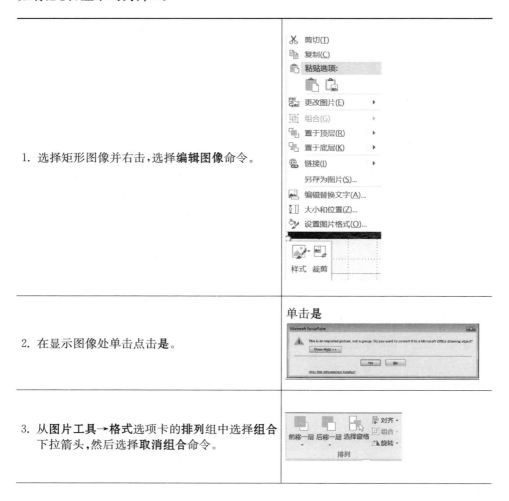

1. 选择矩形图像并右击，选择**编辑图像**命令。

2. 在显示图像处单击点击**是**。

单击**是**

3. 从**图片工具→格式**选项卡的**排列**组中选择**组合**下拉箭头，然后选择**取消组合**命令。

（续表）

	通过从显示的**标准颜色**调色板中选择任何颜色来更改三角形的填充颜色：
4. 从**图片工具**→**格式**选项卡上的**形状样式**组中选择形状填充。	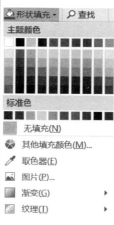

单击幻灯片背景区域中的任意位置以取消选择所有幻灯片对象。

4.8 将图形对象保存为文件格式

步骤

要以另一种文件格式将图形对象保存在幻灯片中，请选择对象，例如图片或图像，然后使用**另存为图片**对话框选择要保存图像的文件格式。

如有必要，请在 **World08. pptx** 中显示**幻灯片 2**。

1. 选择三角形图像，右击，选择**另存为图片**命令。 选择三角形。	右击该图像，单击**另存为图片**命令

（续表）

2. 在**另存为图片**对话框中，更改或保留默认文件名。单击**保存类型**列表，然后选择文件类型，如：**BMP、GIF、JPEG、PNG**。选择图形图像类型。	文件名(N): 图片1 保存类型(T): JPEG 文件交换格式 作者 GIF 可交换的图形格式 JPEG 文件交换格式 PNG 可移植网络图形格式 TIFF Tag 图像文件格式 设备无关位图 ▲ 隐藏文件夹　Windows 图元文件 增强型 Windows 元文件
3. 将图像另存为新的文件类型。图像将被保存。	单击**保存按钮**

4.9　应用图片风格

👣 步骤

应用图片风格：

必要时显示**幻灯片 8**。

1. 选择要增强的图片。 　 选择图片，并显示**图片工具→格式**上下文选项卡。	单击足球的图片
2. 选择**图片工具→格式**上下文选项卡。 　 显示**格式**选项卡。	单击**图片工具→格式**选项卡
3. 从**图片样式**图库中选择所需**样式**。 　 样式应用于图片。	单击**棱台矩形**（第二排第七列）样式

4.10　调整颜色

💡 概念

颜色命令位于**图片格式→格式**选项卡上的**调整**组中，可以调整：

● 颜色饱和度(颜色如何生动)。

● 色调(图像的"温度"从冷到暖)。

● 重新着色(更改图像的整体颜色)。如果希望将图像用作水印,图像也可以重新排列成灰度级、黑白色或冲洗出来。

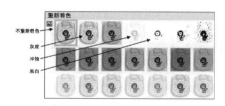

![步骤图标] **步骤**

更改图片颜色:

显示幻灯片 2。

1. 选择幻灯片右上角的人物图片。 图片被选中。	单击图片
2. 从**图片格式**→**格式**上下文选项卡上的**调整**组中选择**颜色**按钮。 显示**颜色**图库。	单击 ![颜色按钮] **颜色**按钮
3. 选择所需的颜色。 图片被重新排列,**颜色**图库关闭。	单击**重新着色**部分的**冲蚀**选项

单击幻灯片背景区域中的任意位置以取消选择所有幻灯片对象。

![步骤图标] **步骤**

恢复图片中的原始颜色:

在 **World08. pptx** 中显示幻灯片 **2**。

1. 选择幻灯片右上角的人物图片。 　图片被选中。	单击图片
2. 从**图片格式→格式**上下文选项卡上的**调整**组中选择**颜色** 　按钮。 　显示**颜色**图库。	单击 ![颜色]按钮
3. 选择**不重新着色**。 　图片恢复到原来的颜色、亮度和对比度，**彩色**图库关闭。	单击**重新着色**部分的**不重新 着色**

单击幻灯片背景区域中的任意位置以取消选择所有幻灯片对象。

4.11 使用图像校正

💡 概念

更正命令位于**调整**组中。在这里，可以锐化或软化图像，以调整显示模糊或清晰
度。还可以调整亮度和对比度，从而控制图像的亮度或暗度。

👣 步骤

将**图片校正**命令应用于图片：

显示**幻灯片 2**。

1. 选择幻灯片中的图片。 　选择**图片**，并显示**图片工具→格式**上下文选项卡。	单击图片
2. 从**图片工具→格式**上下文选项卡上的**调整**组中选择**更正** 　按钮。 　显示**更正**菜单。	单击 ![更正]按钮
3. 选择**图片更正**选项。	显示**设置图片格式**窗格
4. 在**亮度/对比度**下，选择**亮度－20%、对比度＋ 20%**（第 　4 排，第 2 列）。 　图片应用于所选更正。	单击**亮度 － 20%、对比度 ＋20%**

4.12 **图片边框**

💡 **概念**

要应用图片边框：

必要时显示**幻灯片 2**。

1. 选择幻灯片中人物的图片。 选择**图片**，并显示**图片工具→格式**上下文选项卡。	单击图片
2. 选择**图片工具→格式**上下文选项卡。 显示**格式**选项卡。	单击**格式**选项卡
3. 选择**图片样式**组中的**图片边框**按钮。 显示**图片边框**图库。	单击 📝图片边框 · 按钮
4. 在**标准颜色**部分中选择**深蓝色**。 **图片边框**图库关闭，所选边框应用到图片。	单击深蓝色

4.13 **应用艺术效果**

💡 **概念**

调整组中的**艺术效果**命令可以添加艺术效果，如柔和、水彩、发光边缘等。重要的是要注意，艺术效果不能用于某些剪贴画图像。

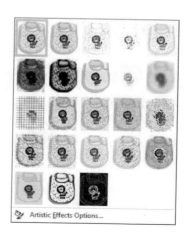

步骤

应用艺术效果：

必要时显示**幻灯片 8**。

1. 根据艺术效果选择要应用的图片。 选择**图片**，并显示**图片工具→格式**上下文选项卡。	单击足球的图片
2. 选择**图片工具→格式**上下文选项卡。 显示**格式**选项卡。	单击**格式**选项卡
3. 在**调整**组中选择**艺术效果**按钮。 显示**艺术效果**图库。	单击 ⊞ **艺术效果** 按钮
4. 选择所需的效果。 **艺术效果**图库关闭，并且所选择的效果应用于图片。	单击**铅笔灰度**（第 1 行，第 3 列）

4.14 删除背景

概念

使用**删除背景**命令将从图像中删除背景区域。这将允许幻灯片背景（或其他对象）显示。某些图像可能无法正常使用此命令，它们需要花费额外的时间和精力，甚至需要采用不同的软件，才能获得良好的效果。一般情况下，如果图像背景杂乱，则更为困难。

步骤

从图片中删除背景：

如有必要，显示**幻灯片 1**。从 **Student 文件夹**中插入图片 **Player. jpeg**。

1. 选择要从中删除背景的图片。 选择**图片**，并显示**图片工具格式**上下文选项卡。	点击播放器的图片
2. 选择**图片工具格式**上下文选项卡。 显示**格式**选项卡。	单击**格式**选项卡
3. 选择**调整**组中的**删除背景**按钮。 显示**背景消除**选项卡。	单击 按钮
4. 拖动选择手柄，直到整个前景都在框内。 **艺术效果**图库关闭，并且所选择的效果应用于图片。	拖动选择手柄，以便只有播放器可见。

此时，您可能需要帮助 **PowerPoint** 决定图像的哪些部分是前景，哪些部分是背景。可以通过使用**标记要保留的区域**和**标记要删除的区域**命令来执行此操作：

- 如果 **PowerPoint** 已经标记了前景紫色的一部分，请单击**标记要保留的区域命令**并在图像的该区域中绘制一条线。
- 如果背景的一部分未标记为紫色，请单击**标记要删除的区域**并在图像的该区域绘制一条线。

关闭 **World08. pptx**。

4.15 复习及练习

在演示文稿中使用图形图像

1. 在"student"文件夹中打开 **Meeting8. pptx**。

2. 在**幻灯片 1** 上插入 **VoIP-Logo1** 图形文件。将图像移动到幻灯片的右下角。

3. 使用任何角尺寸手柄，调整图片大小。

4. 在**幻灯片 3** 上,将图片的高度和宽度均调整为 **1 厘米**。

5. 将图片移动到幻灯片的右下角。

6. 在**幻灯片 4** 上,裁剪图片以排除 VoIP 反射。

7. 将图片颜色更改为棕褐色。

8. 将图片向左移动。

9. 在**幻灯片 8** 上,使用**在线图片**搜索带有关键字(**收入**)的剪辑。

10. 插入选择的图片,放大图片并将其移动到幻灯片的右下角。

11. 关闭演示文稿而不保存。

使用 SmartArt

在本节中，您将学习如何：

- 插入一个 SmartArt 对象
- 对一个 SmartArt 对象设置颜色
- 调整 SmartArt 对象大小并进行对齐
- 将文字插入 SmartArt 对象
- 在 SmartArt 对象中设置文本格式
- 将形状添加到 SmartArt 对象
- 对 SmartArt 对象进行组合图形

5.1 插入一个 SmartArt 对象

💡 概念

SmartArt 是 **PowerPoint** 中可用的创意工具,允许插入和编辑一些高级图示对象,例如组织图、图表和流程图。此工具允许创建动态图形作为信息的可视化表示。

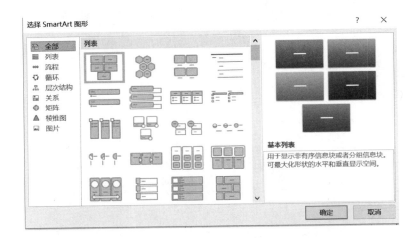

🦶 步骤

插入一个 **SmartArt** 对象:

如有必要,请打开一个新的空白演示文稿。

1. 选择**插入**选项卡。 　 显示**插入**选项卡。	单击**插入**选项
2. 选择**插图**组的 **SmartArt** 按钮。	单击 按钮
3. 选择 **SmartArt** 图形按钮。 　 选择 **SmartArt** 对象。	单击**基本列表**项目

（续表）

4. 选择**确定**按钮。 　　该 **SmartArt** 图库关闭，**SmartArt** 对象插入到演示文稿。	单击 [确定] 按钮

请注意，**基本列表 SmartArt** 插入幻灯片中，将演示文稿保存为 **Basic Block. pptx**。

5.2　对一个 SmartArt 对象设置颜色

步骤

要更改 **SmartArt** 对象的颜色：

如有必要，请打开 **Basic Block. pptx**。

1. 选择 **SmartArt** 对象。 　　选择对象。	单击 **SmartArt** 对象中的空白处
2. 选择 **SmartArt 工具→设计**上下文选项卡。 　　将显示**设计**上下文选项卡。	单击 **SmartArt 工具→设计**上下文选项卡
3. 选择**更改颜色**按钮。 　　将显示**颜色**图库。	单击 [更改颜色] 按钮
4. 选择所需的配色方案。 　　颜色方案应用于对象。	在**彩色**部分中单击 **彩色—个性色**

5.3　调整 SmartArt 对象大小并进行对齐

步骤

调整 **SmartArt** 对象大小并进行对齐：

1. 选择 **SmartArt** 对象。 对象被选中。	单击 **SmartArt** 对象中的空白处
2. 拖动大小柄,放大或缩小对象大小,然后释放鼠标按钮。 **SmartArt** 对象大小得到调整。	拖动大小柄,缩小 **SmartArt** 对象,然后释放鼠标按钮
3. 选择 **SmartArt** 工具→**格式** 上下文选项卡。 显示**格式** 上下文选项卡。	单击 **SmartArt** 工具→**格式** 上下文选项卡
4. 选择**排列**组。 **显示排列**组图标。	单击排列组
5. 选择**对齐**按钮。 **对齐** 菜单列表打开。	单击 对齐
6. 选择所需对齐格式。 对齐 **SmartArt** 对象,菜单列表关闭。	单击**左对齐**

要将形状恢复到原始尺寸,请在 **SmartArt** 工具下的**设计**选项卡上的**重置**组中单击**重设图形**。

5.4 将文字插入 **SmartArt** 对象

步骤

要将文字插入 **SmartArt** 对象中:

1. 选择 **SmartArt** 对象。 对象被选中。	单击 **SmartArt** 对象中的空白处
2. 选择占位符并输入文本。 占位符文本被替换。	单击第一个占位符并键入文字**营销**

练习概念:为剩余的各形状输入以下标题之一:**销售**、**财务**、**行政**和**高级管理**(提示:您可以使用**在此处键入文字**窗格来完成输入)。

5.5 在 SmartArt 对象中设置文本格式

步骤

要在 SmartArt 对象中设置文本格式：

1. 选择要更改的文本。 插入点位于文本内。	将插入点放在**营销**形状的文本中
2. 选择**功能区**上的**开始**选项卡。 显示**开始**选项卡。	单击**开始**选项卡
3. 从**字体**组中选择**字体**列表。 打开**字体**列表。	单击**字体**列表
4. 选择所需的字体样式。 字体样式更改。	单击 **Arial Rounded MT Bold**

5.6 将形状添加到 SmartArt 对象

步骤

要将形状添加到 SmartArt 对象：

1. 选择要添加形状的 **SmartArt** 对象。 选择对象。	单击 **SmartArt** 对象
2. 在 **SmartArt 工具→设计**上下文选项卡上的**创建图形**组中选择**添加形状**按钮的顶部。 **SmartArt** 对象中添加了一个新形状。	在 **SmartArt 工具→设计**上下文选项卡**→创建图形**组中，单击 ⬚ 添加形状 ▾ 按钮的顶部

请注意,在销售框之后添加了形状。可以通过单击添加形状按钮后面的三角形箭头来选择添加新形状的位置。选择管理框,单击添加形状按钮后面的三角形箭头,选择在前面添加形状。请注意,要在管理框之前添加新框。去除形状,按[Delete]键。

5.7 对 SmartArt 对象进行组合图形

步骤

将形状组合在一起:

通过单击**开始**选项卡上的**形状**按钮并选择**椭圆**形状,给幻灯片添加新的形状。在**高级管理**框下面的区域中**对齐**创建与其上方框宽度相似的椭圆形图形。

1. 选择 SmartArt 对象。 SmartArt 对象被选中。	单击 SmartArt 对象
2. 在按住[Ctrl]键的同时选择其他形状。 在 SmartArt 对象中添加了一个新形状。	按住[Ctrl]键,单击新椭圆
3. 选择**绘图工具→格式**上下文选项卡。 将显示**格式**上下文选项卡。	单击**绘图工具→格式**上下文选项卡
4. 从**排列**组中选择**组合**按钮。 该组合列表打开。	单击 组合▾ 按钮
5. 从**组合**菜单中选择**组合**选项。 附加形状与现有的 SmartArt 对象进行组合处理。	单击**组合**选项

选择 SmartArt 对象并移动对象;请注意,该对象现在具有正常的形状手柄,并且椭圆形随之移动。

实践:

要在形状之间添加连接符,请单击**插入**选项卡,选择**形状**,单击**弯头连接符**。使用**单击**和**拖动**的方法将形状连接在一起。要**编辑**连接符,请选择要调整的位置。

要删除，请按［**Delete**］键。

关闭 **Basic Block. pptx**。

 5.8 复习及练习

使用 SmartArt

1. 打开一个新的空白演示文稿。

2. 从**层次结构**部分插入 **SmartArt** **组织图**。

3. 将 **SmartArt** 对象颜色更改为**彩色→彩色范围个性色 3-4**。

4. 调整 **SmartArt** 对象的大小，设置**高度为 4** 和**宽度为 6.5**（提示：可在**格式**选项卡的**大小**组中找到）。

5. 将 **SmartArt** 对象**水平和垂直居中**对齐。

6. 在组织结构图的顶部框中输入文本**线性管理**。

7. 在组织结构图的第二级输入文本**团队领导**。

8. 在组织图的底层输入以下标题：**接收员、管理员、个人助理**。

9. 为输入的文字**设置**字体为 **Footlight MT Light**，大小 **20** 号、加粗。

10. 在**团队领导**框旁边添加一个**矩形**。

11. 在新形状中输入文本**管理员**，设置格式为字体 **Footlight MT Light**、大小 **20** 号、加粗。

12. 在 **SmartArt** 对象底部的三个框之下创建一个新的长的窄**矩形**（不是 **Smart-Art**）。

13. 使用现有的 **SmartArt** 对象，对新形状进行组合。

14. 关闭演示文稿而不保存。

第 6 课

增加特殊效果

在本节中,您将学习如何:

- 设置动画文本和对象
- 设置动画时间
- 对图表使用动画效果
- 插入声音和视频
- 插入一个视频
- 改变多媒体设置
- 插入动画 GIF

6.1 设置动画文本和对象

 概念

在 **PowerPoint** 中，文字、剪贴画、形状和图片可以制作成动画。动画效果能够吸引听众注意力，并且还确保容易读取各张幻灯片的具体内容。

动画效果可以分为四种类型：

1. **进入**：这些效果控制物体进入幻灯片时的运动。例如，**飞入**动画可以使对象从幻灯片中的给定方向飞入。

2. **强调**：当对象静止时，通常通过鼠标单击激活，会产生这些效果。例如，可以为对象设置**放大/缩小**效果，从而实现单击鼠标时对象大小变化。

3. **退出**：退出**幻灯片**之前，通常设置这些效果来控制对象。例如，**淡出**的动画，可以使对象慢慢消失。

4. **动作路径**：这些效果与**强调**动画类似，区别是使用该类动画时，对象将在预定路径上移动，例如，以**直线**的方式移动。

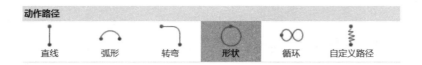

 步骤

要在演示文稿中生成文本和对象：

从 **Student 文件夹**中，打开 **World18. pptx**，在**普通**视图中显示**幻灯片 6**。

1. 选择要添加动画效果的对象。 对象被选中。	单击 **Money Key**
2. 选择**动画**选项卡。 显示**动画**选项卡。	单击**动画**选项卡

3. 从**动画**图库中选择所需的**动画**。
   选择所需的动画。
	单击 ⭐ 按钮
	   飞入

4. 要更改动画的方向，选择**效果选项**。 显示效果选项的相关列表。	单击 效果选项 按钮
5. 选择所需的动画效果。 选择适当的动画效果，并在所选对象中预览动画效果。	单击 ↙ 自右上部(P) 按钮

更改幻灯片中的动画顺序。如果需要，在**普通**视图中显示**幻灯片 6**。

1. 要更改动画的顺序，以使**幻灯片 6** 上的项目按以下顺序显示：
   ▶ 售后支持。
   ▶ 提示服务。
   ▶ 产品种类的广泛选择。
 	
   选择**动画窗格**按钮，使其在**动画**选项卡上的**高级动画**组中突出显示。

（续表）

2. 在屏幕右侧显示的**动画窗格**中,选择**售后支持**对应的动画并单击向上箭头 ▲ 将其移动到列表的顶部。	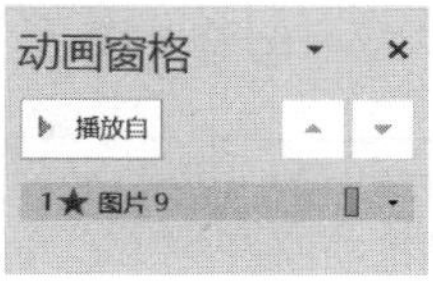 动画窗格 ▾ ✕ ▶ 播放自 1 ★ 图片 9
3. 查看结果。在**动画**选项卡上的**预览**组中选择**预览**按钮。	单击  ★ 预览 按钮

应用自动设置,使项目符号点在动画后变暗到指定的颜色。在普通视图中显示**幻灯片 7**。

1. 选择要变暗的项目符号。 　选择项目符号。	突出显示项目符号
2. 选择**动画**选项卡。 　显示**动画**选项卡。	单击**动画**选项卡
3. 在**高级动画**组中选择**动画窗格**。 　显示**动画窗格**。	单击**动画窗格**按钮
4. 在**动画窗格**中右击动画并选择**效果选项**。 　显示效果选项的相关列表。	单击**效果选项**
5. 从 After 动画下拉列表中选择所需的颜色。 　颜色将在动画后应用。	选择**灰色**选项(右边的最后一个颜色)
6. 保存更改。 　项目符号会在动画播放后改变颜色和变得暗淡。	单击**确定**按钮

6.2 设置动画时间

👣 步骤

设置动画时间:

转到**幻灯片 7** 并播放幻灯片。观看**幻灯片 7** 后结束幻灯片放映。如果需要，在**普通**视图中显示**幻灯片 7**，然后打开**动画窗格**。

1. 在**动画窗格**中，右击要设置时间的动画。 显示可用选项的列表。	右击**动画窗格**中的**快速传送**文本占位符
2. 选择**计时**。 **效果**对话框打开。	单击**计时**命令
3. 在**计时**选项卡中，单击**开始**对应的下拉列表。 打开可用选项列表。	单击**开始** ▾ 对应的下拉列表
4. 选择所需的选项。 选择该选项。	单击**上一动画之后**
5. 在**延迟**框中输入所需的秒数（如果适用）。 该数字显示在**延迟**框中。	单击**延迟**到 **1.5** ▴▾
6. 选择**效果**选项卡。 该**效果**设置显示增强选项。	单击**动画播放后** ▾ 为文本显示选择一种颜色。 效果　计时　正文文本动画 增强 声音(S)：　[无声音] ▾　◁ 动画播放后(A)：　不变暗 ▾ 动画文本(X)：　□■■■■■■■ 其他颜色(M)… 不变暗(D) 播放动画后隐藏(A) 下次单击后隐藏(H)
7. 选择**确定**按钮。 **效果**对话框关闭，动画时序预览播放。	单击　确定　按钮

对图表使用动画效果

 概念

在演示文稿中对图表使用动画，可以为演示文稿创造亮点。例如，在图表中，将季度作为类别,区域销售作为系列,以类别为关键字制作动画,实现每个季度的图表依次呈现,可以使观众观看季度绩效时更为直观。

步骤

对图表进行动画处理:

如果需要,在**普通**视图中显示**幻灯片 4**,并将**擦除**效果应用于图表对象。

1. 右击**动画窗格**中的图表动画对象。 显示可用选项的列表。	右击图表动画对象
2. 选择**效果选项...**。 **效果选项**对话框打开。	单击**效果选项**命令
3. 选择**图表动画**选项卡。 显示**图表动画**选项卡。	单击**图表动画**选项卡
4. 选择**组合图表**列表。 显示可用组合的列表。	单击**组合图表**对应的下拉列表
5. 选择所需的选项。 选择该选项。	单击**按分类**
6. 根据需要选择或取消选择其他选项。 相应地选择或取消选择这些选项。	取消勾选 ☐ **动画网格和图例**复选框
7. 选择**确定**按钮。 **效果选项**对话框关闭,并且自定义动画播放。	单击 [确定] 按钮

通过播放幻灯片查看动画效果。单击鼠标按钮显示每个图表元素。请注意,图表按季出现。观看第四季后结束幻灯片放映。

实践:

1. 选择**动画窗格**上的图表动画对象下方的双箭头,查看所有图表元素。

2. 右击图表**类别 4** 动画效果,并将其设置为从右侧擦除。

6.4 插入声音和视频

🔊 步骤

将声音片段或视频文件插入幻灯片：

如有必要，请在**普通**视图中显示**幻灯片 1**。

1. 选择**功能区**上的**插入**选项卡。 显示**插入**选项卡。	单击**插入**选项卡
2. 在**媒体**组中选择**音频**按钮的底部。 **音频**菜单打开。	单击 🔊 音频 按钮的底部
3. 选择 **PC 上的音频...**。 相应的对话框打开。	单击 **PC 上的音频...** 选项
4. 选择声音或视频文件所在的驱动器。 显示可用文件夹的列表。	单击包含 **Student** 文件夹的驱动器
5. 打开声音或视频文件所在的文件夹。 显示可用文件和文件夹的列表。	双击 **Student** 文件夹
6. 选择所需的声音或视频文件，然后单击**插入**按钮。 选择声音或视频文件。	单击 **Mozart40.mid**，然后单击**插入**按钮
7. 选择**音频工具**上下文选项卡下的**回放**选项卡。 显示**回放**选项卡。	单击**回放**选项卡
8. 选择**音频选项**有关的**开始**旁边的列表框中的箭头。 出现选项列表。	单击 ▶ 开始: 单击时(C) ▾ 对应的列表框
9. 从列表中选择所需的选项。 选择所需的选项。	单击**自动**选项

将声音对象移动到幻灯片的右下角。如果有声音功能，请运行幻灯片并单击声音对象上的鼠标按钮播放声音。单击幻灯片中的其他地方。请注意，音乐停止，下一张动画播放或下一张幻灯片出现。结束幻灯片放映。

6.5　插入一个视频

步骤

要插入视频：

在演示文稿末尾插入一个空白版式的幻灯片。插入视频文件。

1. 选择**功能区**上的**插入**选项卡。 显示**插入**选项卡。	单击**插入**选项卡
2. 在**媒体**组中选择**视频**按钮的底部。 **视频**菜单打开。	单击**视频**按钮的底部
3. 选择 **PC 上的视频. . .**。 相应的对话框打开。	单击 **PC 上的视频. . .** 选项
4. 选择声音或视频文件所在的文件夹。 显示可用文件夹的列表。	单击 **Student** 文件夹
5. 选择所需的视频文件，然后单击**插入**按钮。 视频文件被选中。	单击 **Short Clip. wmv**，然后单击**插入**按钮
6. 选择**确定**按钮。 显示该视频。	单击　确定　按钮

6.6　改变多媒体设置

步骤

要更改多媒体对象设置：

如有必要，请进入**普通**视图中**幻灯片 1**，并显示**动画窗格**。

1. 在**动画窗格中**,右击要更改其设置的多媒体对象。 将打开一个快捷菜单。	右击 **Mozart40. mid**
2. 选择**效果选项...**。 在**播放声音**对话框中打开**效果选项**卡。	单击**效果选项...**命令
3. 选择所需的**开始播放**选项。 选择该选项。	如果有必要,选中**开始播放**选项下的 **从头开始**单选按钮
4. 选择所需的**停止播放**选项。 选择该选项。	在**停止播放**选项下,选中**在 xx 张幻 灯片之后**单选按钮
5. 输入所需的**之后**选项。 该设置显示在**之后**对应的文本框中。	输入 **8**
6. 单击**计时**选项卡。 显示**计时**选项卡。	单击**计时**选项卡
7. 选择所需的**计时**选项。 已选择选项。	执行以下操作: ● 开始列表中选择与上一动画同时, 重复列表中选择**直到幻灯片末尾** ● 单击**触发器**按钮,选择**部分单击序 列动画**
8. 选择**确定**按钮。 关闭**播放声音**对话框。	单击 确定 按钮

如果有声音功能,请使用**幻灯片 1** 开始幻灯片放映。单击鼠标按钮,直到前进到
幻灯片 3,然后,结束幻灯片放映。

6.7 插入动画 GIF

步骤

插入动画 GIF:

在**普通**视图中显示**幻灯片 7**。

1. 选择**功能区**上的**插入**选项卡。 显示**插入**选项卡。	单击**插入**选项卡
2. 选择**图片**按钮。 **插入图片**对话框打开。	单击 按钮
3. 选择存储所需图形文件的驱动器。 显示可用文件夹的列表。	单击 **Student 文件夹**所在 的驱动器
4. 打开存储所需图形文件的文件夹。 显示可用文件和文件夹的列表,所有图形文件显示为缩略图。	双击 **Student 文件夹**
5. 选择要插入的动画图形。 图形被选中。	单击 **Animated_ball. gif**
6. 选择**插入**。 **插入图片**对话框关闭,动画 GIF 出现在幻灯片上。	单击**插入按钮**

将动画 GIF 对象移动到幻灯片的右下角。开始幻灯片放映**幻灯片 7**;注意图形动画。如果需要,结束幻灯片放映并关闭**动画窗格**。

关闭 **World18. pptx**。

6.8 | 复习及练习

向演示文稿添加特殊效果

1. 打开 **Meeting16. pptx**。

2. 在**普通视图**中显示**幻灯片 4**。将**进入-飞入**动画效果应用于项目符号列表。

3. 转到**幻灯片 6**。将**进入-擦除,从左侧动画效果**应用于图表。

4. 按类别介绍图表元素。

5. 转到**幻灯片 8**。在上一个事件之后 **2 秒**钟,将项目符号列表动画设置为自动启动。

6. 进入**幻灯片 10**。从 **Student 文件夹**插入动画 **Skier. gif** 文件。将图片移动到 **SkiToggs** 文本的右侧,并使其大小适合文本和边距之间。

7. 从**幻灯片 1** 开始,播放幻灯片放映。

8. 关闭演示文稿而不保存。

第 7 课

设置幻灯片放映

在本节中,您将学习如何:

- 设置幻灯片自动计时播放
- 设置幻灯片连续循环播放
- 排练幻灯片转换时间

7.1　设置幻灯片自动计时播放

💡 概念

幻灯片时间功能允许用户决定在播放下一张幻灯片之前的演示期间,幻灯片停留在视图中的持续时间。时间通常具有过渡效果。

👣 步骤

设置幻灯片自动计时播放。

打开 **EcoTravel. pptx** 文件。

1. 选择要添加幻灯片时间的幻灯片。 选择幻灯片。	单击**幻灯片 2**
2. 选择**切换**选项卡。 显示**切换**选项卡。	单击**切换**选项卡
3. 从**切换**到此幻灯片图库中选择所需的**切换方式**。 幻灯片中的转换预览。	根据需要滚动并单击 ⬅ 擦除 按钮
4. 在**换片方式**下,勾选**设置自动换片时间**复选框。 选择**设置自动换片时间**的选项。	单击 ☐ 设置自动换片时间: 00:00.00 ⬍
5. 在**设置自动换片时间**对应的文本框中输入所需的秒数。 **设置自动换片时间**对应的文本框显示秒数。	输入 **00:05** ⬍

将**持续时间**设置为 **03.00** 秒。验证是否在**设置显示**对话框(可从**幻灯片放映**选项卡访问)中选择**使用计时**选项。然后,运行幻灯片。

请注意,最后一个项目符号后,**幻灯片**将自动前进到**幻灯片 3**。

实践:

● 再次选择**幻灯片 2**,将其时间更改为 3 秒(**00:03**),其持续时间更改为

01.00 秒。

- 再次运行幻灯片。
- 然后，将幻灯片过渡应用到所有幻灯片。
- 从**幻灯片 1** 开始再次运行幻灯片放映。

7.2 设置幻灯片连续循环播放

步骤

设置幻灯片连续循环播放。

1. 选择**幻灯片放映**选项卡。 显示**幻灯片放映**选项卡。	单击**幻灯片放映**选项卡
2. 在**设置**组中选择**设置幻灯片放映**按钮。 **设置放映方式**对话框打开。	单击 设置 幻灯片放映 按钮
3. 在**放映选项**下，选择**循环放映，按 ESC 键终止**。 选择**循环放映，按 ESC 键终止**选项。	勾选 □ 循环放映，按 ESC 键终止(L) 复选框
4. 在**放映幻灯片**选项下，选择所需的选项。 选择该选项。	如果需要，选中 ⦿ 全部(A) 单选按钮
5. 在**换片方式**下，选择所需的幻灯片预览选项。 选择该选项。	如果需要，选中 ⦿ 如果存在排练时间，则使用它(U) 单选按钮
6. 选择**确定**按钮。 **设置放映方式**对话框关闭。	单击 确定 按钮

从**幻灯片 1** 开始，运行幻灯片放映。请注意，幻灯片放映在最后一张幻灯片后重新启动。结束幻灯片放映回到第一张幻灯片。然后，打开**设置放映方式**对话框，并取消选择**循环放映，按 ESC 键终止**选项。

7.3　排练幻灯片转换时间

💡 概念

可以排练演示文稿，以确保其在一定时间内播放完毕。排练时，可以使用**幻灯片计时间**功能记录呈现每张幻灯片所需的时间。然后，当正式播放演示文稿时，可以使用录制的时间自动播放幻灯片。

👣 步骤

排练幻灯片转换时间。

如有必要，请切换到**幻灯片浏览**视图并显示**幻灯片放映**选项卡，然后单击**设置幻灯片放映**按钮，并取消选中**循环放映，按 ESC 键终止**复选框，然后单击**确定**按钮。

1. 单击**幻灯片放映**选项卡上的**设置组**中的**排练计时**按钮。 幻灯片放映开始，**录制**工具栏显示在屏幕的左上角。	单击 🖱 排练计时 按钮
2. 要暂停计时器，请单击**暂停**按钮。 计时器停止。	单击 ❚❚ 按钮
3. 要再次启动计时器，请单击**暂停**按钮。 计时器再次开始运行。	单击 ❚❚ 按钮
4. 要重置当前幻灯片的计时器，请单击**重复**按钮。 定时器复位为零。	单击 ↩ 按钮
5. 根据需要单击**下一步**按钮以移动到每个后续动画效果和/或幻灯片。 每个动画效果和/或幻灯片依次出现，当最后一张幻灯片已被定时时，将打开 **Microsoft Office PowerPoint** 消息框。	根据需要单击 ➡ 按钮
6. 定时最后一张幻灯片后，选择**是**按钮以记录幻灯片的时间。 **Microsoft Office PowerPoint 演示**消息框关闭，以及记录幻灯时间。	单击 是(Y) 按钮

请注意,幻灯片时间显示在相应的幻灯片下方。

关闭 **EcoTravel. pptx** 文件。

7.4 复习及练习

 向演示文稿添加特殊效果

1. 打开 **Meeting. pptx** 文件。

2. 对所有幻灯片应用自动幻灯片播放持续 **00:02** 秒。

3. 设置连续幻灯片放映。显示所有幻灯片,如果存在,选择时间。

4. **改变幻灯片 4 的幻灯片放映时间为 00:04 秒。**

5. 隐藏幻灯片 **5** 到 **8**。

6. 排练幻灯片放映。

7. 播放以**幻灯片 1** 开始的幻灯片放映,使用自动计时运行幻灯片放映。按 [**ESC**]键退出幻灯片放映。

8. 关闭演示文稿而不保存。

第 8 课

使用幻灯片放映视图

在本节中,您将学习如何:

- 运行幻灯片放映
- 浏览幻灯片放映
- 注释演示文稿

8.1 运行幻灯片放映

步骤

运行幻灯片。

打开 **EcoTravel2. pptx** 文件。如有必要,请显示**幻灯片 1**。

1. 选择状态栏右侧的**幻灯片放映**按钮。 当前幻灯片显示在**幻灯片放映**视图中。	单击状态栏 💻 按钮
2. 根据需要单击鼠标或按〔 **ENTER** 〕键查看演示文稿中的每张幻灯片。 每次单击时都会显示下一张幻灯片,并在最后一张幻灯片上单击后,幻灯片放映结束。	根据需要单击幻灯片,直到放映结束

8.2 浏览幻灯片放映

概念

在幻灯片放映期间,移动鼠标指针以显示**幻灯片放映**工具栏。单击**幻灯片放映**工具栏上的按钮可播放下一张或上一张幻灯片,或结束幻灯片放映。

下表显示了演示文稿视图导航快捷方式:

动作	结果
单击鼠标或按〔 **ENTER** 〕键	播放下一张幻灯片
按〔**开始**〕键	播放放映的第一张幻灯片
按〔**结束**〕键	播放放映的最后一张幻灯片

（续表）

动作	结果
按［上一页］键	播放上一张幻灯片
按［下一页］键	播放下一张幻灯片
输入幻灯片编号,然后按［ 进入 ］	播放按下时指定的幻灯片编号
按［ B ］键	显示黑色屏幕,再按一次返回
按［ W ］键	显示白色屏幕,再按一次返回
按［ ESC ］键	退出**幻灯片放映**视图

💡 概念

使用**幻灯片放映**工具栏。

选择第一张幻灯片。

1. 开始幻灯片放映。 幻灯片放映开始。	单击状态栏 🖵 按钮
2. 移动鼠标指针以显示**幻灯片放映**工具栏。 **将幻灯片放映**工具栏显示在屏幕的左下角。	将鼠标指针移动到屏幕的左下角
3. 选择向右箭头播放下一张幻灯片。 显示下一张幻灯片。	单击 ▷ 按钮
4. 选择向左箭头播放上一张幻灯片。 显示上一张幻灯片。	单击 ◁ 按钮
5. 选择工具栏中的**快捷菜单**按钮或右击幻灯片以显示**快捷**菜单。 显示**快捷**菜单。	单击 ⋯ 按钮
6. 选择**上次查看过的**命令以跳转到先前查看的幻灯片。 显示以前查看的幻灯片。	单击**上次查看过的**命令

实践:

● 右击当前幻灯片,然后从**快捷**菜单中选择**结束放映**以结束幻灯片放映。

关闭 **EcoTravel2. pptx** 文件。

8.3 注释演示文稿

📝 步骤

鼠标指针可以充当笔或荧光笔,在幻灯片播放时进行勾画,以引起观众的注意。

打开 **Intro2. pptx** 文件。显示幻灯片 **3**。

1. 选择**幻灯片放映**选项卡。 显示**幻灯片放映**选项卡。	单击**幻灯片放映**选项卡
2. 使用**开始幻灯片放映**组中的相关按钮**启动幻灯片放映**。 演示文稿以全屏显示为**幻灯片放映**。	单击 从当前幻灯片开始 **按钮**
3. 将鼠标悬停在屏幕的左下角。 出现六个半透明按钮。	将鼠标指针悬停在屏幕的左下角,直到看到六个半透明按钮
4. 选择**笔**按钮。 显示**添加墨迹注释**菜单。	单击 🖊 按钮
5. 选择所需的笔样式。 选择所需的笔样式,并关闭**添加墨迹注释**菜单。	单击 🖊 笔 命令
6. 使用鼠标指针,移动笔来制作所需的注释。 该注释将显示在播放的幻灯片上。	围绕幻灯片中的图标绘制一个圆圈

按［**ESC**］键释放笔。

实践:

● 选择**橡皮擦**可擦除单个墨迹,或者选择**擦除幻灯片上的所有墨迹**以清除所有标记。

● 结束幻灯片放映时,会显示 **Microsoft PowerPoint** 消息框,提示是否要保留注释。根据需要选择**保留**或**丢弃**按钮。

● 关闭 **Intro2. pptx** 文件。

8.4 复习及练习

 探索 Microsoft PowerPoint 2016

1. 打开 **Meeting2. pptx** 文件。

2. 在**幻灯片 1** 开始幻灯片**放映**。

3. 查看幻灯片 **1** 到 **4**。

4. 使用幻灯片放映快捷菜单结束幻灯片放映。

5. 关闭演示文稿而不保存。

展示幻灯片放映

在本节中,您将学习如何:

- 创建自定义幻灯片放映
- 复制、编辑、删除自定义幻灯片放映
- 将自定义幻灯片放映设置为默认显示
- 创建超链接
- 使用超链接
- 操作超链接
- 跳转到另一个演示文稿
- 在幻灯片中链接对象
- 将数据嵌入幻灯片并将其显示为对象
- 编辑、删除嵌入的对象
- 合并幻灯片

9.1 创建自定义幻灯片放映

💡 概念

自定义幻灯片放映可用于针对不同听众展示不同的演示内容。使用自定义幻灯片放映，从演示文稿中呈现独立的幻灯片组。通过仅选择一组幻灯片，可以定位特定的听众群体，而无需创建不同的演示文稿。

👣 步骤

创建自定义幻灯片放映。

打开 **EcoTravel2. pptx** 文件。

1. 选择**幻灯片放映**选项卡。 显示**幻灯片放映**选项卡。	单击**幻灯片放映**选项卡
2. 在**开始放映幻灯片**组中选择**自定义幻灯片放映**按钮。 显示**自定义幻灯片放映**菜单。	单击 自定义 幻灯片放映 ▾ 按钮
3. 选择**自定义放映...**命令。 **自定义放映**对话框打开。	单击 自定义放映(W)... 命令
4. 选择**新建...**按钮。 **定义自定义放映**对话框打开，**幻灯片放映名称**框中的文本被选中。	单击 新建(N)... 按钮
5. 在**幻灯片放映名称**文本框中输入自定义放映所需的名称。 该名称显示在**幻灯片放映名称**框中。	输入**销售团队**
6. 选择要包括在自定义幻灯片放映中的第一张幻灯片。 选择幻灯片。	单击☐ 4. 销售增长
7. 选择**添加**按钮。 幻灯片将显示在**自定义放映**列表框中的**幻灯片**中。	单击 ⇒ 添加(A) 按钮

（续表）

8. 选择要包括在自定义幻灯片放映中的任何其他幻灯片。 选择幻灯片。	单击□ 7. 我们的优势
9. 选择**添加**按钮。 幻灯片将添加到**自定义放映**列表框中的**幻灯片**中。	单击 ➡添加(A) 按钮
10. 要更改幻灯片的顺序，请选择**自定义放映**列表框中的**幻灯片**。 选择幻灯片。	单击**1. Growing Sales**
11. 将幻灯片移至所需位置（如适用）。 相应地移动幻灯片。	单击↓按钮
12. 选择**确定**按钮。 **定义自定义放映**框关闭，自定义幻灯片放映将显示在**自定义放映**框中。	单击 确定 按钮
13. 根据需要选择**放映**以预览自定义幻灯片放映或**关闭**。 **自定义放映**对话框关闭；如果适用，播放自定义幻灯片放映。	单击 放映(S) 按钮

实践：

● 创建另一个名为**营销**的自定义幻灯片放映。

● 添加以下幻灯片：**6. 主要优点**；**4. 增长销售**；**8. 后续步骤**。

9.2 复制、编辑、删除自定义幻灯片放映

💡 **概念**

可以复制自定义幻灯片放映。

👣 **步骤**

创建一个现有的自定义幻灯片放映的副本。

在 student 文件夹中打开 **EcoTravel2. pptx** 文件。

1. 选择**幻灯片放映**选项卡。 　　显示**幻灯片放映**选项卡。	单击**幻灯片放映**选项卡
2. 在**开始幻灯片放映**组中选择**自定义幻灯片放映**按钮。 　　显示**自定义幻灯片放映**菜单。	单击　自定义 幻灯片放映　按钮
3. 选择**自定义放映...**命令。 　　**自定义放映**对话框打开。	单击　自定义放映(W)...　｜命令
4. 选择自定义放映**销售团队**。	单击**销售团队**
5. 选择**复制**按钮。 　　显示销售团队副本。	单击　复制(Y)　按钮

🦶 步骤

编辑自定义幻灯片放映以更改幻灯片放映名称，从幻灯片放映中添加或删除幻灯片。

打开 **EcoTravel2. pptx** 文件。

1. 选择**幻灯片放映**选项卡。 　　显示**幻灯片放映**选项卡。	单击**幻灯片放映**选项卡
2. 在**开始幻灯片放映**组中选择**自定义幻灯片放映**按钮。 　　显示**自定义幻灯片放映**菜单。	单击　自定义 幻灯片放映▾　按钮
3. 选择**自定义放映...**命令。 　　**自定义放映**对话框打开。	单击　自定义放映(W)...　｜命令
4. 选择自定义幻灯片放映 **EcoTravel**。	
6. 选择**编辑**按钮。	单击　编辑(E)...　按钮
7. 单击**幻灯片放映名称**框，将幻灯片放映名称更改为**旅行**。	幻灯片放映名称(N)：自定义放映 1

(续表)

8. 从**在自定义放映中的幻灯片**窗格中删除幻灯片**主要优点**	 选择**主要优点**幻灯片并单击 ✕ 按钮
9. 从**在自定义放映中的幻灯片**窗格中添加幻灯片： **开展生态旅游业务** **成功满意的伙伴关系**	 勾选 **开展生态旅游业务和成功满意的伙伴关系** 两个幻灯片的复选框
10. 单击**添加**按钮，然后单击**确定**按钮。	单击 添加(A) 按钮

👣 步骤

删除自定义幻灯片放映。

打开 **EcoTravel2. pptx** 文件。

1. 选择**幻灯片放映**选项卡。 显示**幻灯片放映**选项卡。	单击**幻灯片放映**选项卡
2. 在**开始幻灯片放映**组中选择**自定义幻灯片放映**按钮。 显示**自定义幻灯片放映**菜单。	单击 自定义幻灯片放映▾ 按钮
3. 选择**自定义放映…**。 **自定义放映**对话框打开。	单击 自定义放映(W)…命令
4. 选择自定义放映**销售**。	单击**销售**选项
5. 选择**删除**按钮。	单击 删除(R) 按钮
6. 关闭**自定义放映**	单击 关闭(C) 按钮

9.3　将自定义幻灯片放映设置为默认显示

步骤

设置自定义幻灯片放映作为默认幻灯片放映。

1. 选择**幻灯片放映**选项卡。 显示**幻灯片放映**选项卡。	单击**幻灯片放映**选项卡
2. 在**设置**组中选择**设置幻灯片放映**按钮。 **设置幻灯片放映**对话框打开。	单击　设置 幻灯片放映　按钮
3. 在**放映幻灯片**选项下,选中**自定义放映**单选按钮。 选择**自定义放映**选项。	选中 ○ **自定义放映(C):** 单选按钮
4. 选择**自定义放映**下拉列表。 显示可用的自定义放映的列表。	单击 销售团队 ∨
5. 选择所需的自定义幻灯片放映。 自定义幻灯片放映的名称显示在**自定义放映**框中。	单击**营销**
6. 选择**确定**按钮。 **设置幻灯片放映**对话框关闭。	单击　确定　按钮

从任何幻灯片开始运行幻灯片。请注意,只有**营销**自定义幻灯片放映中的幻灯片才会显示。出现提示时结束幻灯片放映。

实践:

● 通过在**设置幻灯片放映**对话框中的**放映幻灯片**下选择**全部**选项,重置幻灯片以显示所有幻灯片。

● 关闭对话框。

9.4 创建超链接

💡 概念

无论何时使用 **Web**，都可以使用超链接从一个网页导航到另一个网页。可以将 **PowerPoint** 演示文稿中的网址或电子邮件地址作为超链接。还可以在演示文稿中链接到文件和其他幻灯片。

步骤

创建一个自定义幻灯片放映的超链接。

如有必要，请切换到**普通**视图并显示**插入**选项卡。转到**幻灯片 3**。

1. 选择要添加超链接的文本或对象。 选择文本或对象。	突出显示幻灯片标题中的**会议**一词
2. 单击**链接**组的**超链接**按钮。 **插入超链接**对话框打开。	单击 🌐 超链接 按钮
3. 选择**本文档中的位置**选项。 显示**本文档中的位置**页面。	单击 本文档中的位置(A) 选项
4. 如有必要，展开所需部分。 该部分展开。	根据需要滚动，如果有必要，然后单击 ⊞ **自定义放映**
5. 单击链接时，选择要显示的幻灯片或自定义放映。 幻灯片或自定义放映显示在**幻灯片预览下**。	单击**销售团队**
6. 如果需要，选择**屏幕提示**按钮。 该**设置超链接屏幕提示**对话框打开，插入点在**屏幕提示**文本框。	单击 屏幕提示(P)... 按钮
7. 输入所需的**屏幕提示**文本。 该文本显示在**屏幕提示**文本框中。	输入**销售团队审查**
8. 选择**确定**按钮。 **设置超链接屏幕提示**对话框关闭。	单击 确定 按钮

（续表）

9. 如果需要,选择**显示并返回**选项。 该**显示并返回**选项被选中。	勾选 ☐ 显示并返回(S) 复选框
10. 选择**确定**按钮。 　　**插入超链接**对话框关闭,如果使用文本创建超链接, 超链接文本将加下划线,并以不同的字体颜色显示。	单击 确定 按钮

实践:

● 在**幻灯片 5** 中,选择幻灯片标题中的**合作伙伴关系**。

● 使用**屏幕提示**文本**营销部门**创建一个到**营销**自定义幻灯片放映的超链接。

● 不要选择**显示和返回**选项。

● 在**幻灯片 1** 中,选择按键图像。

● 通过**屏幕提示**文本**官方主页**创建一个超链接到网址 **www. ecotravel. com**。

● 选择文本**生态旅游**。

● 创建一个超链接到电子邮件地址 **enquiries@ecotravel. com**,以及**屏幕提示**文本**单击这里发送电子邮件**。

实践:

● 要修改所选的自定义幻灯片放映,请单击**编辑**。

● 要创建所选的自定义幻灯片放映的重复副本,请选择自定义幻灯片放映并单击**复制**。

● 要删除现有的、选定的自定义幻灯片放映,请单击**删除**。

9.5　使用超链接

步骤

使用超链接跳转到自定义幻灯片放映。

如有必要,请在**普通**视图中显示**幻灯片 3**。

1. 开始幻灯片放映。 　幻灯片放映开始。	单击状态栏按钮
2. 要跳转到超链接目标，请单击超链接文本或对象。 　指定的自定义幻灯片放映播放。	单击**会议**超链接文本

请注意，**销售团队**自定义幻灯片放映中的幻灯片将显示，然后 **PowerPoint** 将恢复常规幻灯片放映。结束幻灯片放映。

9.6　操作超链接

步骤

操作超链接。

如有必要，请切换到**普通**视图并显示**插入**选项卡。转到**幻灯片 6**。

1. 选择要添加操作的对象。 　选择对象。	单击**标题**占位符
2. 选择**链接**组中的**动作按钮**。 　**动作**设置对话框打开。	单击 ★ 动作 按钮
3. 单击选择所需的动作。 　选择了所需的动作。	选中 ○ **超链接到(H):** 单选按钮
4. 选择要列出的**超链接**下拉列表。 　显示可用对象的列表。	单击 下一张幻灯片 ∨
5. 选择要链接到的对象。 　选择该对象，或打开其他附加选项的辅助对话框。	根据需要滚动，然后点击**幻灯片...**
6. 如有必要，选择其他选项。 　选择了这些选项，并显示幻灯片的预览（如果适用）。	单击幻灯片 **5. 建立伙伴关系**
7. 如有必要，选择**确定**按钮。 　辅助对话框关闭。	单击 确定 按钮
8. 选择**确定**按钮。 　**动作设置**对话框关闭。	单击 确定 按钮

从**幻灯片 6**运行**幻灯片**。单击标题占位符。请注意,演示文稿跳转到**幻灯片 5**,并继续到幻灯片放映结束。结束幻灯片放映。

9.7　跳转到另一个演示文稿

步骤

跳转到另一个演示文稿。

如有必要,请切换到**普通**视图并显示**插入**选项卡。转到**幻灯片 2**。

1. 选择要添加超链接的单元格或对象。 选择文本或对象。	突出显示项目符号列表中的**成功**文本。
2. 在**链接**组中选择**超链接**按钮。 **插入超链接**对话框打开。	单击　超链接　按钮
3. 在**链接**下,选择**现有文件或网页**选项。 将显示**现有文件或网页**页面。	单击　现有文件或网页(X)　选项
4. 选择**查找范围**下拉列表。 出现可用文件位置的列表。	单击**查找** ▼
5. 选择驱动器并打开包含要链接到的演示文稿的文件夹。 出现可用文件夹列表。	单击数据文件驱动器并双击数据文件文件夹
6. 选择要链接到的演示文稿。 文件被选中,文件名显示在**地址**框中。	根据需要滚动,然后点击**查看**
7. 选择**确定**按钮。 **插入超链接**对话框关闭,如果您使用文本创建超链接,则超链接文本带下划线,并以不同的字体颜色显示。	单击　确定　按钮

显示**幻灯片 1**并运行幻灯片放映。当您到达**幻灯片 2**时,单击超链接文本**成功**,跳转到其他演示文稿。当链接的幻灯片放映结束时,结束幻灯片放映。请注意,幻灯片放映将返回到当前演示文稿中的**幻灯片 2**。结束幻灯片放映。

9.8 在幻灯片中链接对象

🐾 步骤

当要包含单独维护的信息（例如由不同部门收集的数据）时，可以使用链接功能。

如有必要，请切换到**普通**视图，然后插入空白标题。

1. 选择**插入**选项卡。 选择了**插入**选项卡。	单击**插入**选项卡
2. 单击**对象**。 打开**插入对象**对话框。	单击 ⬚ 按钮 对象
3. 选择**由文件创建**选项。 选择所需的选项。	选中 ○ 由文件创建(F) 单选按钮
4. 单击**浏览**按钮。 出现可用文件位置的列表。	选择**资产负债表. XLSX**
5. 勾选**显示为图标**复选框。 文件内容将作为图标放置。用户可以双击启动应用程序。	☑ 显示为图标(D) 勾选 [Microsoft Excel 工作表] 复选框
6. 勾选**链接**复选框。 展示了快捷方式参考，从而在演示文稿中反映文件更改。**提示：如果要嵌入对象，请勿检查链接。**	勾选 ☑ 链接(L) 复选框
7. 选择**确定**按钮。 工作表图标显示在工作表上。	单击 确定 按钮

保存演示文稿。

实践：

- 要更新链接，请右击对象，选择**更新链接**命令。
- 要删除链接，请单击**文件**选项卡，**信息**类别，单击**编辑链接到文件**，单击**断开链接**。

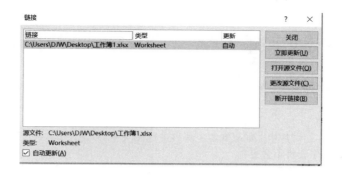

- 要删除链接或嵌入对象，请选择对象，按［ Delete ］键。
- 添加图像文件的链接：从**插入按钮**中选择**图片**选项卡，选择图像，然后单击**插入按钮**中的**链接到文件**。如果链接到图像文件而不是嵌入图像，则对原始文件所做的任何更改都将反映在演示文稿中。
- 关闭演示文稿而不保存。

9.9 将数据嵌入幻灯片并将其显示为对象

步骤

当将数据嵌入到幻灯片中时，嵌入的数据不链接到源数据。如果编辑嵌入式数据，则不会更新源数据。如果编辑源数据，则不会更新嵌入式数据。

打开 **Statements. pptx** 并转到标题为 **2014-15 财务报表**的**幻灯片 2**。

1. 选择**插入**选项卡。 　选择了**插入**选项卡。	单击**插入**选项卡
2. 单击**对象**按钮。 　打开**插入对象**对话框。	单击 ⬚对象 按钮
3. 选择**由文件创建**选项 　选择所需的选项。	选中 ⦿由文件创建(F) 单选按钮
4. 单击**浏览**。 　出现可用文件位置的列表。	选择**财务报表. xlsx**

（续表）

5. 确保没有勾选**显示为图标**复选框。	取消勾选 ☐ 显示为图标(D) 复选框
6. 确保没有勾选**链接**复选框。	取消勾选 ☐ 链接(L) 复选框
7. 选择**确定**按钮。 工作表嵌入在幻灯片中。如果对源工作表进行任何更改，嵌入式工作表将不会更新。	单击 确定 按钮

保存**报表. pptx**。

9.10 编辑、删除嵌入的对象

步骤

编辑嵌入式数据。

由于嵌入式数据未链接到源数据，所以修改源数据时不会对嵌入式数据进行更改。

如有必要，请打开**报表. pptx** 并转到标题为 **2015‐16 财务报表**的幻灯片 **3**。

1. 双击嵌入式工作表，或右击嵌入式工作表，然后选择**链接 Worksheet 对象→编辑**命令。	

（续表）

2. 嵌入式工作表在电子表格应用程序中打开,可以对表进行编辑。在单元格 B4 中,将 $400 更改为 $420。	
3. 关闭电子表格应用程序并返回到演示文稿。	关闭电子表格程序

步骤

删除嵌入式数据。

如有必要,请打开**报表.pptx**并转到标题为 **2015-16 财务报表**的幻灯片 3。

1. 选择嵌入的工作表。	
2. 按[**Delete**]键。	嵌入的工作表被删除,但源工作表 **FS.xls** 在 **Student** 文件夹不会受到影响。

9.11　合并幻灯片

概念

重用幻灯片功能被用于将一个或多个幻灯片合并到另一个演示文稿。这是在另一个演示文稿中重新使用已创建的幻灯片的简便方法。

👣 步骤

将一个或多个幻灯片合并到另一个打开的演示文稿中。

如有必要,请打开 **Statements. pptx** 并转到标题为 **2015-16 财务报表**的幻灯片 **3**。

	选择时,任务窗格上的**幻灯片 3** 缩略图将突出显示 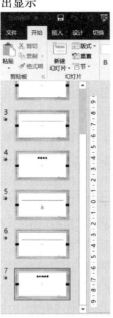
1. 确保选择了标题为**财务报表 2015-16** 的幻灯片 **3**。	
2. 在**开始**选项卡中的**幻灯片**组中选择**新建幻灯片**按钮下方的箭头。	

（续表）

3. 从菜单中选择**重用幻灯片**以打开**重用幻灯片**任务窗格。	
4. 选择**浏览**并从菜单中选择**浏览文件**。从**浏览窗口**中选择包含合并幻灯片的演示文稿。	从 **Student 文件夹**中选择**销售. pptx**
5. **重用幻灯片**任务窗格将显示选择的演示文稿中的幻灯片。	
6. 要使重用的幻灯片保留自己的格式,请勾选**重用幻灯片**任务窗格底部的**保留源格式**复选框。 如果合并后的幻灯片要使用与打开的演示文稿相同的格式,不要勾选**保留源格式**复选框。 本练习中,请勿勾选**保留源格式**复选框。	请勿勾选 ☐ 保留源格式　　　　　　复选框
7. 要将一张幻灯片合并到打开的演示文稿中,请单击**重用幻灯片**窗格中的**幻灯片 1**,将在演示文稿中的所选**幻灯片 3** 后面显示。	
8. 要将所有幻灯片合并到演示文稿中,请右击**重用幻灯片**窗格中显示的任何幻灯片,然后选择**插入所有幻灯片**。	

步骤

将文档大纲合并到现有演示文稿中。

文档大纲中的文字必须采用标题、一级项目符号或副标题、二级项目符号、三级项目符号的格式。

打开 **Points. pptx** 并转到标题为**特征**的**幻灯片 2**。

	选择时,任务窗格上的**幻灯片 2** 缩略图将突出显示
1. 确保选择了标题为**功能**的**幻灯片 2**。	
2. 在**开始**选项卡中的**幻灯片**组中选择**新建幻灯片**按钮下方的箭头。	
3. 从菜单中选择**幻灯片(从大纲)**,打开**插入大纲**对话框。 选择文件并选择**插入**。	选择 **Top Asia Destinations. rtf**
4. 选择合并的文件,然后单击**开始**选项卡中**幻灯片**组中的**重置**按钮。	单击 **重置** 按钮

（续表）

选择标题和内容版式
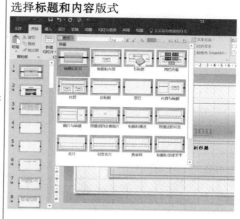

5. 选择**布局**箭头并为合并的大纲幻灯片选择幻灯片版式。

9.12 复习及练习

 在工作簿中导入数据

1. 打开 **Meeting2. pptx** 文件。

2. 创建一个名为**财务审查**的自定义幻灯片放映。

3. 将**财务审查**自定义幻灯片放映设置为默认幻灯片放映。

4. 在**幻灯片 3** 上，选择**飞镖**剪辑并将其链接到**幻灯片 6. 财务概况**。

5. 在**幻灯片 6** 上，选择**蓝色色带**剪辑，并操作超链接设置将其链接到演示文稿中的下一张幻灯片。

6. 关闭演示文稿而不保存。

第 10 课

创建自定义图表

在本节中,您将学习如何:

- 显示图表坐标轴
- 显示图表网格线
- 设置图表网格线格式
- 设置图表坐标轴格式
- 设置坐标轴比例格式
- 设置列、栏、绘图区的格式
- 添加图表标题
- 更改数据系列
- 将图形对象添加到图表
- 将文本添加到图表
- 插入数据表

10.1　显示图表坐标轴

💡 概念

在 **PowerPoint** 中使用图表可让听众看到数字背后的意义。它使数字的比较和趋势能更容易和有效地被阅读。

图表通常具有用于量化和排序信息的两个轴:垂直轴(称为数值轴或 Y 轴)和水平轴(称为类别轴或 X 轴)。可以在大多数图表中显示或隐藏图表轴。为了便于理解图表数据,还可以改变它们的外观。

👣 步骤

显示图表轴。

打开 **Charts. pptx** 文件。

1. 选择要编辑的图表。 　选择图表和显示**图表工具**上下文选项卡	单击**幻灯片 1** 上的图表
2. 选择**设计**上下文选项卡。 　选择了**设计**上下文选项卡。	单击**设计**上下文选项卡
3. 在**图表布局**组中选择**添加图表元素**按钮。 　该**图表元素**图库打开。	单击　添加图表元素▾　按钮
4. 选择**坐标轴**。 　该**坐标轴**图库打开。	单击　坐标轴(X)　▶
5. 选择所需的坐标轴选项。 　坐标轴显示在图表上。	单击　主要横坐标轴(H)

10.2 显示图表网格线

👣 步骤

显示图表网格线。

选择**幻灯片 1** 上的图表。

1. 选择**设计**上下文选项卡。 选择了**设计**上下文选项卡。	单击**设计**上下文选项卡
2. 在**图表布局**组中选择**添加图表元素**按钮。 该**图表元素**图库打开。	单击 添加图表元素 ▾ 按钮
3. 选择**网格线**。 该**坐标轴**图库打开。	单击 网格线(G) ▶
4. 选择所需的网格线选项。 网格线显示在图表上。	单击 主轴主要水平网格线(H)

10.3 设置图表网格线格式

👣 步骤

设置图表中网格线的格式。

选择**幻灯片 1** 上的图表。

1. 选择**设计**上下文选项卡。 选择了**设计**上下文选项卡。	单击**设计**上下文选项卡

2. 在**图表布局**组中选择**添加图表元素**按钮。 该**图表元素**图库打开。	单击 添加图表元素 ▾ 按钮
3. 选择**网格线**。 该**坐标轴**图库打开。	单击 网格线(G) ▶
4. 选择**更多网格线选项**。 出现网格线窗格。	**单击更多网格线选项**
5. 选择**实线**单选按钮。 选择实线选项。	选中 ◉ **实线(S)** 单选按钮
6. 选择**彩色**按钮。 该**彩色**图库打开。	单击 ▾ 按钮
7. 选择所需的颜色。 图库关闭，颜色应用于网格线。	单击**浅绿色**(标准颜色)
8. 选择窗格的**关闭**按钮。 网格线窗格关闭。	单击 ✕ 按钮

还可以通过选择网格，打开**动画**选项卡，单击**添加动画**并选择动画类型来制作图表网格线的动画。通过在**动画**窗格中右击动画对象来**删除**动画，然后选择**删除**命令。

10.4　设置图表坐标轴格式

👣 步骤

设置图表坐标轴格式。

选择**幻灯片 1**上的图表。

1. 选择**设计**上下文选项卡。 选择了**设计**上下文选项卡。	单击**设计**上下文选项卡

（续表）

2. 在**图表布局**组中选择**添加图表元素**按钮。 该**图表元素**图库打开。	单击 添加图表元素 ▾ 按钮
3. 选择**坐标轴**。 该**坐标轴**图库打开。	单击 坐标轴(X) ▶
4. 选择**更多坐标轴选项**。 出现坐标轴窗格。	单击**更多坐标轴选项**
5. 更改相关格式。 更改已应用。	将小刻度标记类型设置为**十字**。
6. 选择窗格的**关闭**按钮。 坐标轴窗格关闭	单击 ✕ 按钮

10.5 设置坐标轴比例格式

💡 概念

默认情况下，创建图表时，自动确定垂直（数值）轴（也称为 y 轴）的最小和最大刻度值。但是，您可以自定义刻度以更好地满足您的需求。

以下缩放选项仅在选择数值轴时可用：

● 要更改垂直（数值）轴开始或结束的数字，对于**最小值**或**最大值**选项，单击**固定**，然后在**最小值**框或**最大值**框中输入不同的数字。

● 要更改刻度线和图表网格线的间隔，对于**主要单位**或**次要单位**选项，单击**固定**，然后在**主要单位**框或**次要单位**框中键入不同的数字。

● 要反转数值的顺序，请选中**数值倒序排列**复选框。

步骤

设置坐标轴比例的格式。

选择**幻灯片 1** 上的图表。

1. 选择**设计**上下文选项卡。 　　选择了**设计**上下文选项卡。	单击**设计**上下文选项卡
2. 在**图表布局**组中选择**添加图表元素**按钮。 　　该**图表元素**图库打开。	单击 　　按钮
3. 选择**坐标轴**。 　　该**坐标轴**图库打开。	单击 　坐标轴(X) ▶
4. 选择**更多坐标轴选项**。 　　出现**坐标轴**窗格。	单击**更多坐标轴选项**
5. 在**坐标轴选项**下，输入**主要单位**的编号。 　　图表比例被修改。	输入以下内容： **最大值**：**125** **主要单位**：**25**
6. 选择窗格的**关闭**按钮。 　　坐标轴窗格关闭。	单击　✕　按钮

10.6　设置列、栏、绘图区的格式

步骤

设置列的格式，以显示图像。

打开 **Charts. pptx** 文件。如有必要，请在**普通**视图中选择**幻灯片 1**。

1. 选择要编辑的图表。 　　图表周围出现大小调整。	单击选中图表

（续表）

2. 选择图表上的列，然后选择**当前所选内容**组中的**设置所选内容格式**按钮。	
3. 在**设置数据系列格式**窗格中选择**图片或纹理填充**选项。	
4. 选择**图片或纹理填充**，然后在**插入图片来自**下，选择**文件…**。	从 **Student** 文件夹中选择 **Photo. jpeg**。选择**插入**

10.7 添加图表标题

步骤

添加图表标题。

选择**幻灯片 1** 上的图表。

1. 选择**设计**上下文选项卡。 选择了**设计**上下文选项卡。	单击**设计**上下文选项卡

（续表）

2. 在**图表布局**组中选择**添加图表元素**按钮。 该**图表元素**图库打开。	单击 添加图表元素▾ 按钮
3. 选择**图表标题**。 该**图表标题**图库打开。	单击 图表标题(C) ▶
4. 选择一个位置以显示图表标题。 出现图表标题占位符。	单击 图表上方(A)
5. 在占位符中输入图表标题。 输入图表标题文本。	在占位符中输入**游客到达**

10.8 更改数据系列

步骤

更改数据系列。

选择**幻灯片 2** 上的图表。

1. 选择**设计**上下文选项卡。 选择了**设计**上下文选项卡。	单击**设计**上下文选项卡
2. 选择**数据**组中的**选择数据**按钮。 数据表窗口和**选择数据源**对话框打开。	单击 选择数据
3. 选择**切换行/列**按钮。 在 X 轴上绘制的数据移动到 Y 轴，反之亦然。	单击 切换行/列(W)
4. 选择**确定**按钮。 对话框关闭。	单击 确定 按钮
5. 关闭数据表窗口。 数据表窗口关闭。	单击 ✕ 按钮

10.9 将图形对象添加到图表

👣 步骤

将图形对象添加到图表。

选择**幻灯片 2** 上的图表。显示**插入**选项卡。

1. 单击**插图**组中的**形状**按钮。 该**形状**图库打开。	单击 形状 按钮
2. 从**形状**图库中单击所需的图形对象。 当位于图表区域内时,鼠标指针变为十字准线。	单击 ↘ 按钮
3. 拖动图表绘制对象。 该对象出现在图表中。	从法国列上方拖动,直接向右

选择箭头,如有必要,然后右击箭头并选择**设置对象格式**命令,将**线条宽度**设置为 **6 磅**,将**线条颜色**设置为**橙色**(标准颜色)。关闭**设置形状格式**窗格,然后单击图表外的任何位置。

10.10 将文本添加到图表

👣 步骤

将文本添加到图表。

选择**幻灯片 2** 上的图表。显示**插入**选项卡。

1. 单击**插图**组中的**形状**按钮。 **形状**图库打开。	单击 形状 按钮

（续表）

2. 从**形状**图库中单击**文本框**。 当位于图表区域内时,鼠标指针变为十字准线。	单击 ![] 按钮
3. 单击图表添加文本框。 文本框出现在图表中。	在箭头形状旁边单击
4. 在文本框中输入所需的文本。 文本将显示在文本框中。	**输入多年来相当一致**

如有必要,将文本格式设置为 **Tahoma**、**加粗**和 **18 号**。根据需要调整文本框和箭头的大小和位置,然后单击图表外的任意位置。

10.11 插入数据表

步骤

插入数据表。

选择**幻灯片 2** 上的图表。

1. 选择**设计**上下文选项卡。 将显示**设计**上下文选项卡。	单击**设计**上下文选项卡
2. 在**图表布局**组中选择**添加图表元素**按钮。 该图表元素图库打开。	单击 [添加图表元素] 按钮
3. 选择**图例**。 **图例**图库显示。	单击 图例(L) ▶
4. 选择图例放置的位置。 图例被放置或删除。	单击 无(N)
5. 在**图表布局**组中选择**添加图表元素**按钮。 该图表元素图库打开。	单击 [添加图表元素] 按钮

（续表）

6. 选择**数据表**。 该**数据表**图库出现。	单击 ▦ 数据表(B) ▸
7. 选择数据表放置选项。 显示数据表。	单击 ▦ 显示图例项标示(W)

单击图表以外的任何地方。可以更改图表中的间距、列和栏之间的重叠，以满足使用需要。或者如果注意到当前设置不清楚，可以进行以下操作：

- 从**图表工具→格式**选项卡的**当前所选内容**组中的图表元素下拉列表中选择**数据系列**。
- 在**当前所选内容**组中选择**格式选择**。
- 选择系列选项。
- 根据需要设置**系列重叠**以调整每个系列之间的间隔。
- 根据需要设置**分类间距**以调整类别之间的距离。

关闭 **Charts. pptx** 文件。

10.12 复习及练习

 创建自定义图表

1. 打开 **Arrivals. pptx** 文件。

2. 选择图表。

3. 通过将数据系列从行切换到列，按船舶目的比较（而不是按季度比较）到达人数。

4. 将主要网格线添加到类别（X）轴。然后，将主格网格线格式设置为**浅绿色**（标准颜色）。

5. 格式化数值（Y）轴，以在其中包含小刻度线。

6. 更改数值轴的刻度。设置以下内容：

- 最大值为 100

- 主要单位为 20

- 次要单位为 5

- 坐标轴在 25 交叉

7. 显示数据表。然后,在有必要的情况下,隐藏图例和调整作图区域。

8. 在较短的标记之上,在最高数据标记的右侧绘制一个文本框。添加文本**历史以来最高**。

9. 从文本框中绘制箭头到最高数据标记。将箭头格式设置为 **6 点**和**橙色**(标准颜色)。

10. 关闭演示文稿而不保存。

第 11 课

编 辑 图 表

在本节中,您将学习如何:

- 设置图表数据标记格式
- 重新定位图例
- 设置图表的三维视图格式
- 分解饼图

11.1　设置图表数据标记格式

步骤

设置图表数据标记格式。

打开 **Travel Stats. pptx** 文件。如有必要，请在**普通视图**中选择**幻灯片 1**。

1. 选择要编辑的图表。 　　图表周围出现大小调整手柄。	单击图表
2. 选择**格式**上下文选项卡。 　　将显示**格式**上下文选项卡。	单击**格式**上下文选项卡
3. 选择要设置格式的数据系列。 　　选择数据系列。	单击**入站列**
4. 选择当前选择组中的**格式选择**。 　　该**数据点格式**菜单出现。	**单击格式选择**
5. 在**形状样式**组中选择**形状填充**下拉箭头。 　　该**形状填充**图库打开。	单击 形状填充 ▾ 下拉箭头
6. 选择要填充数据系列的颜色。 　　选择的颜色应用于数据系列。	单击**浅蓝色**（标准颜色）
7. 在**形状样式**组中选择**形状填充**下拉箭头。 　　该**形状填充**图库打开。	单击 形状填充 ▾ 下拉箭头
8. 选择**渐变**图库。 　　**渐变**图库打开。	指向 ▨ 渐变(G)　　　　　▶
9. 选择要应用于数据系列的渐变。 　　对数据系列应用渐变。	从**浅色变体**部分单击**线性向上**
10. 选择**设计**上下文选项卡。 　　显示**设计**选项卡。	单击**设计**上下文选项卡
11. 在**图表布局**组中选择**添加图表元素**按钮。 　　该**图表元素**图库打开。	单击 添加图表元素 ▾ **按钮**

(续表)

12. 选择**数据标签**。 该**数据标签**图库出现。	单击 ▥ 数据标签(D)　　▶
13. 选择数据标签放置选项。 显示数据标签。	单击 ▥ 数据标注(U)

单击图表以外的任何地方。

11.2 重新定位图例

步骤

重新定位图例。

在**普通**视图中显示**幻灯片 2**。如有必要,选择图表显示**设计**上下文选项卡。

1. 在**图表布局**组中选择**添加图表元素**按钮。 该**图表元素**图库打开。	单击 添加图表元素▾ 按钮
2. 选择**图例**。 **图例**图库显示。	单击 ▥ 图例(L)　　▶ 按钮
3. 选择**更多图例选项…**。 黑色点出现在**取消表格保护密码**中的每个字符,表示输入的字符。	单击 更多图例选项(M)… 按钮
4. 在**图例选项**部分中选择**右上**单选按钮。 该**图例**显示在图表的右上角。	选中 ○ 右上(O) 单选按钮
5. 在**设置图例格式**窗格中选择**填充与线条**。 出现**填充与线条**页面。	单击 ◇ 按钮
6. 选择**纯色填充**。 图例被填满,**颜色**和**透明度**控件显示。	单击 ● 纯色填充(S)
7. 关闭**设置图例格式**窗格。 窗格已关闭。	单击 ✕ 按钮

实践:

- 将图例填充更改为**黄色**(标准颜色),透明度为 **50%**。
- 使用图像更改绘图区域。右击绘图区域,单击**设置绘图区域格式**。从**设置绘图区域格式**任务窗格中,单击**填充与线条**,然后单击**图片或纹理填充**单选按钮。

单击图表以外的任何地方。

还可以通过选择网格,打开**动画**选项卡,单击**添加动画**并选择动画类型来对图例进行动画处理。通过在**动画**窗格中右击动画对象来**删除**动画,然后选择**删除**。

11.3 设置图表的三维视图格式

步骤

设置图表的三维视图格式。

在**普通**视图中显示**幻灯片 3**,然后选择图表。

1. 右击图表区域,然后选择**三维旋转**。 显示**设置图表区域格式**窗格。	右击图表区域,然后单击**三维旋转**命令
2. 选择所需的 **X** 轴旋转。 应用旋转效果。	在 **X** 旋转框中输入 **60**
3. 选择所需的 **Y** 轴旋转。 应用旋转效果。	在 **Y** 旋转框中输入 **40**
4. 选择所需的高度。 高度应用于图表。	在**高度(基数的%)**框中输入 **80**
5. 关闭**设置图表区域格式**窗格。 窗格关闭。	单击 **✕** 按钮

单击图表以外的任何地方。

11.4 分解饼图

💡 概念

可以从饼图中分解（分离）切片以显示强调效果。分解的切片看起来好像是从饼状图中切出来的，从中心稍微向外移动。

👣 步骤

分解饼图。

在**普通**视图中显示**幻灯片 5**。

1. 选择饼图。 设置手柄尺寸会显示在整个饼图周围。	单击饼图
2. 要仅分解一个饼图切片，请单击要分解的切片。 尺寸手柄仅显示在所选切片周围。	单击绿色饼图
3. 将切片从饼图中拖出。 拖动时，会显示饼图的图像，当释放鼠标按钮时，饼图将会分解。	将绿色派对切片（Spring 数据系列）向下拖动约 1 厘米

单击图表以外的任何地方。

关闭 **Travel Stats. pptx** 文件。

11.5 复习与练习

编辑图表

1. 打开 **Sales. pptx** 文件。

2. 在**普通**视图中显示**幻灯片 1**，然后选择列图。

3. 将**图例**移动到图表的顶部。

4. 在**内部末端**添加数据标签。

5. 将 **Qtr 4** 数据系列的填充颜色更改为**紫色**(标准颜色)。

6. 在**普通**视图中显示**幻灯片 2**,然后选择 3D 饼图。

7. 显示**外端**的**类别**和**百分比**数据标签。

8. 设置以下三维旋转值:

   ● **X 旋转**:30

   ● **Y 旋转**:40

   ● **视角**:5

9. 展开**美国数据系列**饼图。

10. 关闭演示文稿而不保存。

第 12 课

导出大纲和幻灯片

在本节中,您将学习如何:

- 将注释和讲义导出到 Word 中
- 将大纲导出到 Word 中
- 将演示文稿另存为大纲
- 将幻灯片另存为图形

12.1　将注释和讲义导出到 Word 中

💡 概念

将 **PowerPoint** 演示文稿转换为 **Word** 是一个快速而简单的过程。转换将创建一个 **Word** 文档,其中包含幻灯片的缩略图版本,用于向听众发送。这些讲义将显示您的演讲者笔记页面,每个幻灯片的缩略图版本或简单的讲义页面,是为了便于听众在演示过程中记录笔记。

👣 步骤

导出讲义注释到 **Word**。

打开 **Strategy. pptx** 文件。

1. 选择**文件**选项卡。 **后台**视图打开。	单击**文件**选项卡
2. 选择**导出**。 **导出**选项出现。	单击**导出按钮**
3. 选择**创建讲义**。 显示**创建讲义**窗格。	单击 创建讲义 按钮
4. 选择**创建讲义**按钮。 显示**发送到 Microsoft Word** 对话框。	单击 创建讲义 按钮
5. 在**发送到 Microsoft Word** 对话框中,选择所需的 **Word** 使用的版式。 选择版式选项。	选中 ○ 空行在幻灯片下(K) 单选按钮
6. 如果需要,选择**粘贴链接**选项。 选择粘贴链接选项。	选中 ⦿ 粘贴链接(I) 单选按钮
7. 选择**确定**。 **发送到 Microsoft Word** 对话框关闭,笔记或讲义出现在 **Word** 文档中。	单击 确定 按钮

滚动 **Word** 文档以查看页面的布局。然后双击**幻灯片 1**。请注意幻灯片在 **Pow-erPoint** 中打开。然后,切换回 **Word** 窗口并关闭 **Microsoft Word** 文档。当提示保存文档时,选择**不保存**。

12.2 将大纲导出到 Word 中

🐾 步骤

将大纲导出到 **Word** 中。

如有必要,打开 **Strategy. pptx** 文件。

1. 选择**文件**选项卡。 **后台**视图打开。	单击**文件**选项卡
2. 选择**导出**。 **导出**选项出现。	单击**导出**按钮
3. 选择**创建讲义**。 显示**创建讲义**窗格。	单击 ⬜ 创建讲义 按钮
4. 选择**创建讲义**按钮。 显示**发送到 Microsoft Word** 对话框。	单击 ⬜ 创建讲义 按钮
5. 在**发送到 Microsoft Word** 对话框中,选择所需的 **Word** 使用的版式。 选择**只使用大纲**选项。	选中 ⬜ ○ 只使用大纲(O) 单选按钮
6. 选择**确定**。 **发送到 Microsoft Word** 对话框关闭,演示文稿大纲显示在 **Word** 文档中。	单击 确定 按钮

关闭 **Microsoft Word** 文档。当提示您保存文档时,选择**不保存**。

提示:

● 除了导出外,还可以将 **Word** 大纲导入 **PowerPoint**。在 **PowerPoint** 演示文稿

中的**新建幻灯片**选项中选择**幻灯片(从大纲)**。

● **PowerPoint** 导入的大纲可以是文本文件、**Word** 文档或 **RTF** 文档。

12.3 将演示文稿另存为大纲

步骤

以文本格式将演示文稿另存为大纲。

如有必要,打开 **Strategy. pptx** 文件。

1. 按 [**F12**] 键。 **另存为**对话框打开,选中**文件名**对应文本框内的文本。	按 [**F12**] 键
2. 输入所需的文件名。 该文本显示在**文件名**文本框中	输入 Outline
3. 选择**另存为类型**列表。 可用文件类型列表打开。	单击**另存为类型** ▼
4. 选择 Outline/RTF。 该 Outline/RTF 出现在**另存为**类型框。	根据需要滚动,然后单击 Outline/RTF
5. 选择要保存大纲的驱动器。 打开可用文件夹列表。	单击包含数据文件夹的驱动器
6. 打开要保存大纲的文件夹。 将打开可用文件夹和文件的列表。	双击数据文件夹
7. 选择**保存**按钮。 **另存为**对话框关闭,演示文稿大纲以 **. rtf** 格式保存。	单击 保存(S) 按钮

在 **Microsoft Word** 中打开 **Outline. rtf**。关闭 **Microsoft Word**。

12.4 将幻灯片另存为图形

💡 概念

可以将 **PowerPoint** 幻灯片保存为单独的图像文件，可以嵌入或插入任何程序。也可以使用它们进行分发，不允许任何编辑。

常见的图像格式有：

- 图形交换格式（. gif）。
- JPEG 文件交换格式（. jpeg）。
- 便携式网络图形格式（. png）。

👣 步骤

将幻灯片另存为图形。

如有必要，打开 **Strategy. pptx** 文件。切换到**幻灯片浏览**视图。

1. 选择要保存为图形的幻灯片。 　　选择幻灯片。	单击幻灯片 **4**
2. 按［ **F12** ］键。 　　**另存为**对话框打开，选中文本**文件名**。	按［ **F12** ］键
3. 输入所需的文件名。 　　该文本显示在**文件名**文本框中	输入 **Slide 4**
4. 选择**另存为类型**列表。 　　将打开可用文件类型的列表。	单击**另存为类型** ▾
5. 选择所需的图像文件类型。 　　文件类型显示在**另存为类型**框中。	根据需要滚动，然后单击 **GIF 图形交换格式**
6. 选择要保存大纲的驱动器。 　　打开可用文件夹列表。	单击包含数据文件夹的驱动器
7. 打开要保存大纲的文件夹。 　　将打开可用文件夹和文件的列表。	双击数据文件夹

（续表）

8. 选择**保存**按钮。 **另存为**对话框关闭，**Microsoft Office PowerPoint** 消息框会询问是要导出演示文稿中的每个幻灯片还是导出当前幻灯片。	单击 　保存(S)　 按钮
9. 选择**全部幻灯片**以导出所有幻灯片或**仅当前幻灯片**，本任务中仅导出当前幻灯片。 **Microsoft Office PowerPoint 演示**消息框关闭，幻灯片另存为图形文件。	单击 　仅当前幻灯片(I)　 按钮

关闭 **Strategy. pptx** 文件。

12.5　复习及练习

 导出大纲和幻灯片

1. 打开 **Quarterly Review. pptx** 文件。

2. 将讲义导出至 **Word**；选择**空行在幻灯片旁**版式和**粘贴链接**选项。

3. 如果需要，在 **Word** 中打开文档，并根据需要滚动查看幻灯片。双击任何幻灯片以在 **PowerPoint** 中显示。然后，关闭 **Word** 而不保存文档。

4. 将演示大纲导出到 **Word**。

5. 根据需要滚动以在 **Word** 中查看大纲。然后，关闭 **Word** 而不保存大纲。

6. 将演示文稿大纲保存为 **Minutes. rtf**。

7. 在 **Word** 中打开 **Minutes. rtf**。然后，关闭 **Word** 而不保存更改。

8. 将 **Slide 4** 仅保存到数据文件夹 **Target. gif**。

9. 关闭演示文稿而不保存。

第 13 课

设计注意事项

在本节中,您将了解到:

- 设计注意事项
- 听众人口统计学
- 时间注意事项
- 场地注意事项
- 颜色注意事项
- 无障碍设计注意事项

13.1　设计注意事项

💡 概念

在设计演示文稿时,请务必考虑要放置在幻灯片中的信息量。经验:不要在幻灯片上放置太多的文字,并保持足够大的字体,以方便阅读。每张幻灯片应在标题中显示主题的要点,随后显示 3～4 个序列号作为支持信息。

13.2　听众人口统计学

💡 概念

了解您所呈现的听众群体很有用,以便清楚演示文稿内容的语境。例如,如果听众完全是新手,所呈现的话题不要使用听众听起来像外语的行话,否则您将永远失去听众! 因此,研究听众,以避免采用高人一等的语气与他们对话。

13.3　时间注意事项

💡 概念

知道您的演示文稿的时间限制,并作出相应计划,让听众有足够的时间听懂演示,而不是在仓促演示中失去听众。

13.4 场地注意事项

概念

请注意,如果有障碍,可能会阻止听众清楚地看到主持人,那么应该清除障碍物,或者重新排列座椅。如果会场太大,需确定能够从最后一排清楚地看到演示文稿,或者需要在墙壁的每一侧进行多个屏幕投影。

13.5 颜色注意事项

概念

在演示文稿中,注意使用颜色很重要。使用深色背景与浅色字母或浅色背景与黑色字母的对比色。如果要进行商业演示,请务必使用公司固定的配色方案,并确保演示文稿幻灯片中配色方案的一致性和格式约定。

13.6 无障碍设计注意事项

概念

另一个需要考虑的重要因素是听众的特殊需求。对于任何有视觉障碍的人,需要增加使用的字体大小,并且需要减少添加的动画/转换次数。任何出现在演示文稿中的图形都应包含替代文字。

ICDL 课程大纲

参考	任务项目	位置
1.1.1	了解听众群体(年龄、教育程度、职业、文化背景)及其对演示主题的了解如何影响演示规划。	13.2　听众人口统计学
1.1.2	了解场地要素,例如:照明、可用的演示设备、房间大小和布局。	13.4　场地注意事项
1.2.1	了解时间要素,如:根据可用时间定制内容、在不同幻灯片之间预备适当的时间间隔。	13.3　时间注意事项
1.2.2	了解演示讲解是由图形对象和文本支持的。了解图形对象和文本的详细程度必须有所限制的重要性。	13.1　设计注意事项
1.2.3	了解使用一致的设计方案和充分的色彩对比的重要性。	13.5　颜色注意事项
1.2.4	注意无障碍设计的注意事项:字体大小、替代文字、颜色、限制动画和转换的使用。	13.6　无障碍设计注意事项
2.1.1	插入一个新的幻灯片母版、新标题母版。	2.5　插入一个新的幻灯片母版
2.1.2	编辑幻灯片母版版式,如:字体、项目符号列表格式、背景颜色和填充效果、占位符位置、占位符删除。	2.1　操作幻灯片母版
2.1.3	将自定义幻灯片母版应用于指定的幻灯片。	1.1　创建一个自定义版式
2.2.1	创建新模板、主题。	1.5　创建一个新的模板、主题
2.2.2	修改模板、主题。	1.6　修改一个模板、主题
3.1.1	将背景填充效果应用于绘制对象。	3.3　更改对象的填充颜色
3.1.2	将透明效果应用于绘制对象	3.5　对已绘制对象应用透明效果
3.1.3	将 3D 效果应用于绘制对象。	3.8　将三维效果和设置应用于绘制对象

(续表)

参考	任务项目	位置
3.1.4	从绘制对象中选取一个样式,并将其应用于另一个绘制对象。	3.6 提取样式并应用到另一个已绘制对象
3.1.5	更改新绘制对象的默认格式。	3.7 更改新绘制对象的默认格式
3.2.1	调整图片、图像的亮度和对比度。	4.11 使用图像校正
3.2.2	以灰阶、黑白和冲蚀格式显示图片、图像。	4.10 调整颜色
3.2.3	改变图片的颜色。恢复图片的原始颜色。	4.10 调整颜色
3.3.1	显示、隐藏标尺、网格和参考线。移动参考线。打开、关闭对齐对象到网格。	3.1 使用标尺、网格和参考线
3.3.2	使用指定的水平和垂直坐标在幻灯片上放置图形对象(图片、图像、绘制对象)	3.2 对齐网格
3.3.3	将所选图形对象相对于幻灯片垂直分布。	3.9 使用指定的水平和垂直坐标在幻灯片上设置图形对象
3.3.4	裁剪图形对象。	3.10 在一张幻灯片中水平或竖直镜像翻转图片 4.4 裁剪图片
3.3.5	按比例、不按比例重新绘制图形对象。	4.6 按比例或不按比例重新缩放一张图形对象
3.3.6	将图片转换为绘制对象并编辑绘制对象。	4.7 将图片转换为绘制对象并编辑绘制对象
3.3.7	将图形对象保存为文件格式,如:BMP、GIF、JPEG、PNG。	4.8 将图形对象保存为文件格式
3.3.8	省略、显示幻灯片上的背景图形。	2.2 为幻灯片母版设置格式
4.1.1	设置图表标题、图例、数据标签、坐标轴标签的格式。	11.1 设置图表数据标记格式
4.1.2	更改已定义数据系列的图表类型。	10.11 插入数据表
4.1.3	更改图表中柱形、条形之间的间隔和重叠。	10.11 插入数据表
4.1.4	设置列、条形图、绘图区、图表区的格式以显示图像。	10.6 设置列、栏、绘图区的格式

（续表）

参考	任务项目	位置
4.1.5	更改数值轴的刻度：显示的最小值、最大值、图表中绘制的数字之间的主间隔。	10.5　设置坐标轴比例格式
4.2.1	使用内置选项或其他可用绘图工具创建图表，如：流程图、循环图、金字塔图。	5.1　插入一个 SmartArt 对象
4.2.2	添加、移动和删除示意图中的形状。	5.6　将形状添加到 SmartArt 对象
4.2.3	在流程图中添加、更改、删除连接符。	5.7　对 SmartArt 对象进行组合图形
5.1.1	在鼠标单击时插入影片以自动播放。	6.5　插入一个视频
5.1.2	在鼠标单击时插入声音以自动播放。	6.4　插入声音和视频
5.2.1	更改自定义动画效果和设置。更改幻灯片中自定义动画的顺序。	6.1　设置动画文本和对象
5.2.2	应用自动设置，使项目符号圆点在动画后变暗到指定的颜色。	6.1　设置动画文本和对象
5.2.3	按系列、按类别、按系列中的元素对图表元素进行动画处理。设置动画，请勿对图表网格和图例进行动画处理。	6.3　对图表使用动画效果
6.1.1	插入、编辑、删除超链接。	9.4　创建超链接
6.1.2	插入动作按钮。修改设置以导航到指定的幻灯片、自定义放映、文件、URL。	9.6　操作超链接
6.1.3	将数据链接为幻灯片中的一个对象、图标。	9.8　在幻灯片中链接对象
6.1.4	更新、断开链接。	9.8　在幻灯片中链接对象
6.1.5	插入文件中的图像，带文件链接。	9.8　在幻灯片中链接对象
6.1.6	将数据作为一个对象、图标嵌入幻灯片。	9.9　将数据嵌入幻灯片并将其显示为对象
6.1.7	编辑、删除嵌入的数据。	9.10　编辑、删除嵌入的对象
6.2.1	将幻灯片、完整演示文稿、文字处理的大纲合并到现有演示文稿中。	9.11　合并幻灯片
6.2.2	将指定的幻灯片保存为下述文件格式：GIF、JPEG、BMP。	12.4　将幻灯片另存为图形

（续表）

参考	任务项目	位置
7.1.1	创建，显示已命名的自定义幻灯片放映。	9.1　创建自定义幻灯片放映
7.1.2	复制、编辑、删除自定义幻灯片放映。	9.2　复制、编辑、删除自定义幻灯片放映
7.2.1	将计时应用于幻灯片切换，从幻灯片切换中删除计时。	7.1　设置幻灯片自动计时播放
7.2.2	将设置应用于幻灯片放映，以便在播放时连续循环、不连续循环。	7.2　设置幻灯片连续循环播放
7.2.3	应用设置，以便幻灯片手动翻页或按计时翻页（如果存在计时）。应用设置，以使幻灯片放映具有动画效果、不显示动画。	7.2　设置幻灯片连续循环播放 7.3　排练幻灯片转换时间
7.3.1	在幻灯片放映过程中添加、擦除墨迹注释。	8.3　注释演示文稿
7.3.2	在幻灯片放映过程中显示黑白屏幕。暂停、重新启动、结束幻灯片放映。	8.2　浏览幻灯片放映

恭喜！您已经完成了 ICDL 高级演示文稿课程的学习。

您已经了解了有关演示文稿软件的关键高级技能，包括：

- 在演示计划中了解目标听众和场地因素。
- 创建和修改模板并设置幻灯片背景格式。
- 使用内置的动画功能增强演示。
- 使用链接、嵌入、导入和导出功能来集成数据。
- 使用自定义幻灯片，应用幻灯片设置和控制幻灯片。

达到这一学习阶段后，您现在应该准备好进行 ICDL 认证测试。有关进行测试的更多信息，请联系您的 ICDL 测试中心。